30 Minuten

Geteilte Führung (Shared Leadership)

Brigitte Ehmann

Externe Links wurden bis zum Zeitpunkt der Drucklegung des Buches geprüft. Auf etwaige Änderungen zu einem späteren Zeitpunkt hat der Verlag keinen Einfluss. Eine Haftung des Verlags ist daher ausgeschlossen.

Bibliografische Information der Deutschen Nationalbibliothek. Die Deutsche Nationalbibliothek verzeichnet diese Publikation in der Deutschen Nationalbibliografie; detaillierte bibliografische Daten sind im Internet über http://dnb.d-nb.de abrufbar.

ISBN 978-3-96739-196-1

Umschlaggestaltung: Zerosoft, Timisoara (Rumänien)
Umschlagkonzept: Buddelschiff, Stuttgart | www.buddelschiff.de
Lektorat: Silke Martin, Kriftel
Autorenfoto: Picture™People
Satz und Layout: Zerosoft, Timisoara (Rumänien)
Druck und Bindung: Salzland Druck, Staßfurt

Ein Hinweis zu gendergerechter Sprache: Die Entscheidung, in welcher Form alle Geschlechter angesprochen werden, obliegt den jeweiligen Verfassenden.

Wir drucken in Deutschland.

www.gabal-verlag.de
www.gabal-magazin.de
www.twitter.com/gabalbuecher
www.facebook.com/gabalbuecher
www.instagram.com/gabalbuecher

Wir übernehmen Verantwortung! Ökologisch und sozial!

- Verzicht auf Plastik: kein Einschweißen der Bücher in Folie
- Nachhaltige Produktion: Verwendung von Papier aus nachhaltig bewirtschafteten Wäldern, PEFC-zertifiziert
- Stärkung des Wirtschaftsstandorts Deutschland: Herstellung und Druck in Deutschland

Wissen auf den Punkt gebracht

Dieses Buch ist so konzipiert, dass Sie in kurzer Zeit prägnante und fundierte Informationen aufnehmen können. Mithilfe eines Leitsystems werden Sie durch das Buch geführt. Es erlaubt Ihnen, innerhalb Ihres persönlichen Zeitkontingents (von 10 bis 30 Minuten) das Wesentliche zu erfassen.

Kurze Lesezeit

In 30 Minuten können Sie das ganze Buch lesen. Wenn Sie weniger Zeit haben, lesen Sie gezielt nur die Stellen, die für Sie wichtige Informationen beinhalten.

- Schlüsselfragen mit Seitenverweisen zu Beginn eines jeden Kapitels erlauben eine schnelle Orientierung: Sie blättern direkt zu dem Thema, das Sie besonders interessiert.
- **Zahlreiche Zusammenfassungen innerhalb der Kapitel erlauben das schnelle Querlesen.**
- Ein Fast Reader am Ende des Buches fasst alle wichtigen Aspekte zusammen.
- Ein Register erleichtert das Nachschlagen.

Inhalt

Vorwort

Wir leben in einer Zeit ständiger Veränderung mit hohem Innovationsbedarf. Unsere Arbeitswelt wandelt sich kontinuierlich – und damit auch die Anforderungen an Führung. Das augenscheinlichste Beispiel dafür ist aktuell sicherlich der Arbeitsort: weg von der Vollzeitpräsenz im Büro hin zu virtuell beziehungsweise hybrid. Die Ansprüche an Arbeitgeber und die Vorstellungen von Zusammenarbeit sind individuell sehr unterschiedlich. Gleichzeitig ist es Ziel der Arbeitgeber, Mitarbeitende motiviert zu halten, denn bis zum Jahr 2035 werden allein in Deutschland nach Expertenschätzungen voraussichtlich 2,3 Millionen Fachkräfte fehlen. Für jedes Unternehmen, das sich erfolgreich am Markt behaupten will, stehen daher effiziente Mitarbeiterbindung und somit das Erfüllen individueller Arbeitnehmerwünsche ganz oben auf der Prioritätenliste.

Führung wird in diesem Umfeld zu einer Mammutaufgabe. Dafür braucht es besonders gut qualifizierte Leader*innen mit den passenden fachlichen und vor allem auch persönlichen Kompetenzen. Jedoch ist für immer weniger Berufstätige Führung attraktiv. Besonders im Mittelmanagement und in sogenannten Sandwichpositionen bedeutet sie oft ein Jonglieren mit Mangelzuständen, ein Ausbalancieren zwischen den Interessen des Top-Managements und denen der Mitarbeitenden sowie ein permanentes Ausgleichen von offensichtlichem Ressourcenmangel, wie fehlende Digitalisierung, Faktor Zeit/Zeitmangel, IT-

Support/-Lösungen usw. Bessere Bezahlung, Titel, Dienstwagen und ein mögliches höheres Ansehen stellen häufig keine nachhaltigen Motivationsfaktoren dar beziehungsweise gleichen in den Augen potenzieller Führungskräfte die Nachteile nicht angemessen aus.

Geteilte Führung – in der Literatur oft Shared Leadership genannt – ist eine mögliche Antwort auf die Anforderungen unserer Zeit und ein Führungsmodell der Zukunft. Denn es berücksichtigt in besonderem Maße die Bedürfnisse der aktuellen und zukünftigen Arbeitsgenerationen. Allerdings – und das ist essenziell – muss dieses Instrument richtig eingesetzt werden, denn sonst richtet es mehr Schaden an, als es Nutzen stiften kann. Und genau hier liegt der Hauptschwerpunkt dieses Buches. Dafür habe ich mich über einen längeren Zeitraum mit vielen Führungstandems in mittelständischen und größeren Unternehmen ausgetauscht, die mir ihre diesbezüglichen Erfahrungen mitteilten. Auch konnte ich im Rahmen meiner Moderations- und Workshoptätigkeit sowie in zahlreichen Coachings von Führungskräften aus verschiedenen Branchen viele detaillierte Vor-Ort-Einblicke gewinnen und unterschiedlich aufgesetzte Modellvarianten auf ihre Erfolgschancen hin analysieren beziehungsweise evaluieren. Diese Rechercheerkenntnisse gebe ich in diesem Buch komprimiert an Sie weiter, damit Sie nach der Lektüre viel besser einschätzen können, ob das Modell „Geteilte Führung“ auch für Sie infrage kommt.

Brigitte Ehmann

Welchen Mehrwert bringt Geteilte Führung den Unternehmen?

Seite 10

Was sind die grundlegenden Voraussetzungen für Geteilte Führung?

Seite 25

Was sind die häufigsten Fallstricke und Fehler?

Seite 37

1. Führen mit gleichberechtigten Leadern – so funktioniert's!

In diesem Kapitel geht es um die organisatorisch-strukturellen sowie persönlichen Grundlagen und Kriterien, die über das Funktionieren oder Nichtfunktionieren eines geteilten Führungsmodells entscheiden.

Das aktuelle Stimmungsbild zu Teilzeitführungsmodellen ist in Unternehmen zweigeteilt. Das Bewusstsein, dass Geteilte Führung mit entsprechend verändertem Führungsverständnis auf mittlerer oder höherer Managementebene nachweislich zahlreiche Vorteile mit sich bringt, hat zwar inzwischen bei vielen Konzernen und auch kleineren Firmen Fuß gefasst. Dennoch hält sich die Skepsis gegenüber der Teilbarkeit von Führung teilweise hartnäckig und zu viele Unternehmen schrecken nach wie vor zurück, sich darauf einzulassen. Mit einer gut durchdachten Strategie lassen sich jedoch entsprechende strukturelle Voraussetzungen schaffen, damit das Tandemmodell auf Führungsebene gelingen kann.

1.1 Mehrwert für Unternehmen

Aktuell arbeiten fünf Generationen am Arbeitsmarkt zusammen (Baby Boomer, X, Y, Z, Gen Alpha). Die in den Arbeitsmarkt nachrückenden Generationen Z (auch Millennials genannt) und Alpha verspüren nicht den Drang, ihr Leben dem Arbeitsleben unterzuordnen. Deren vorrangiges Ziel ist es vielmehr, ihr Leben gut finanzieren zu können, am Arbeitsplatz einen sinnvollen Mehrwert zu leisten und sich selbst zu verwirklichen beziehungsweise einen Sinn in der eigenen Tätigkeit zu sehen. Das Postulat von „höher, schneller, besser" und das damit verbundene Konzept einer steilen Karriereleiter sterben immer mehr aus. Zu oft haben die Neueinsteiger ins Berufsleben bei ihren eigenen Eltern die destruktiven Aspekte dieses Modells auch für das Familienleben erlebt und wollen es selber anders machen.

Firmen, die an den üblichen Führungsmodellen festhalten, berauben sich dadurch ungeahnter Möglichkeiten, denn Shared Leadership ist zweifellos ein Führungsmodell der Zukunft, da es verschiedenen Ansprüchen gerecht wird und ein sehr effektives Instrument sein kann. Immerhin gibt es seit einiger Zeit vermehrt Ansätze in Firmen, diesem Modell eine Chance zu geben.

Historische Vorbilder für Geteilte Führung

Geteilte Führung ist kein modernes Phänomen. Ein Paradebeispiel für Geteilte Führung in der Historie ist das 1914 in Barcelona gegründete Parfümunternehmen Puig Corporation. 45 Jahre lang leitete ein vierköpfiges Geschwisterteam der zweiten Generation die Geschicke der bis heute in der Kosmetik- und Modebranche beheimateten Firma, wobei sie sich Entscheidungs- und Führungsverantwortung teilten. Gemeinsam verhalfen sie ihrer anfangs kleinen Produktpalette zu Schlagkraft im internationalen Wettbewerb, indem sie ihre Kompetenzen aufteilten und mit hohem Engagement einbrachten. Heute vertreibt Puig (Deutschlandsitz: Hamburg) in dritter Generation hochwertige Beauty- und Fashionprodukte in über 150 Ländern. Die Erfolgsgeschichte basiert auf einer Kombination aus stetig erweiterten Eigenmarken wie *Jean Paul Gaultier*, *Paco Rabanne*, *Carolina Herrera* und *Penhaligon's* sowie Lizenzmarken wie *Christian Louboutin* und *Comme des Garçons*.

Weltbekannte Marken

Bis heute beweisen Familienunternehmen, dass man gemeinsam mit zwei oder sogar drei (blutsverwandten) Leadern viel bewegen kann. Breit abgestützte Entscheidungen ermöglichen Vertrauen und Stabilität bei der Belegschaft, aber auch beim Konsumenten. Viele Familienunternehmen setzen ihr eigenes Führungsverständnis konsequent um und nehmen so eine Vorreiterrolle beim Shared Leadership ein, was anderen investorgeführten Unternehmen durchaus als Vorbild dienen kann. Marken wie *BMW*, *Dr. Oetker*, *Lidl/Kaufland*, *Aldi*, *Schäffler*, *Porsche*, *dm*, *Merck*, *Boehringer*, *Henkel*, *Heraeus* oder *Bertelsmann* sind Beispiele für florierende Familienunternehmen, wo Führungsverantwortung gleichmäßig auf Familienmitglieder verteilt ist.

Tragisches Scheitern Geteilter Führung

Weniger ruhmreich war der ebenso prominente wie tragische Fall der Lehman Brothers. 1850 in Alabama gegründet, zählte die Familienbank bis zu ihrer Konkursanmeldung 2008 zu den ältesten und erfolgreichsten Investmenthäusern der Wall Street – Grundstein war die von den Brüdern Heinrich, Emanuel und Mayer Lehman gegründete Gemischtwarenhandlung. 1977 fusionierte das Traditionshaus mit einem anderen Familienunternehmen, ehe es 2008 nach internen Querelen und historischen Fehlentscheidungen in eine verheerende Schieflage geriet und die Finanzkrise mit auslöste. In diesem Fall hat das Prinzip familiäre Führungsverantwortung also überhaupt nicht funktioniert.

Was Shared Leadership bewirken kann

Worin genau liegt nun konkret der Mehrwert? Die Antwort ist gar nicht so einfach, denn Geteilte Führung bringt eine ganze Menge Vorteile für Unternehmen mit sich – unter anderem sind dies folgende:

- Ausgleichen von Fachkräftemangel in Führungsfunktionen, weil attraktiv auf dem externen Arbeitsmarkt.
- Bindung talentierter Mitarbeiter*innen, die in ihrer Lebensplanung weniger arbeiten, aber dennoch ihre Führungskompetenzen einbringen beziehungsweise Führungsfunktionen behalten möchten.
- Höhere Innovationsfähigkeit durch gesteigerte kollektive Führungsintelligenz.
- Aufteilung nach fachlichen Themen/Kompetenzen möglich. Folge: Der Anteil der ungeliebten Aufgaben sinkt.

- Stabiler – und vor allem auch diversifizierter – aufgestellte Teams, auch durch verbesserte Vertretungsregelung (bei Krankheit und Urlaub ist trotzdem immer eine Führungskraft da).
- Mehrwert für das mitarbeitende Team mit dem Zugriff auf Kompetenzvielfalt/breitere Kompetenzen von zwei Personen – fachliche Fähigkeiten und persönliche Fähigkeiten.
- Zielgruppe für Führung vergrößern, weil Mitarbeitende mit einem/einer Tandempartner*in an der Seite eher den Mut und die Lust für eine Führungsaufgabe aufbringen.
- Loyalität und Commitment steigen in der Regel.

Jobsharing, Topsharing, Joint Leadership, Shared Leadership
Jobsharing bezeichnet ein Teilzeitarbeitsmodell, bei dem sich zwei (oder mehrere) Mitarbeitende einen Arbeitsplatz beziehungsweise eine Vollzeitstelle teilen, wobei Aufgaben, Verantwortung und Arbeitszeiten flexibel festgelegt sind, z. B. tage- oder auch wochenweise.
Bei **Topsharing** handelt es sich um eine Wortneuschöpfung aus Top-Management und Jobsharing. Hier geht es um die strategische Teilung einer Managementposition.

Joint Leadership, Job-Tandem, Co-Leadership, Shared Leadership oder **Dual Leadership** meinen im Grunde dasselbe. All diese Begriffe werden in der Literatur weitgehend synonym verwendet. Ich präferiere jedoch den Begriff Shared Leadership, weil hier aus meiner Sicht am deutlichsten klar wird, dass es um die konkrete Führungsteilung von Menschen geht und nicht nur um das bloße Aufteilen von Budgets oder Aufgaben. Führen und Weiterentwickeln der Mitarbeitenden sowie des Organisationsbereichs (Vision, Innovation, Mission, Strategie) ist für mich speziell in dem Begriff Leader impliziert.

Leader-Gruppen statt Leitfigur

Ein Unternehmen, das den Anforderungen der modernen Arbeitswelt gerecht werden will, benötigt heutzutage nicht mehr zwangsläufig eine einsame heroische Leitfigur, sondern vielmehr eine Gruppe gleichberechtigter, motivierter Leader-Individuen, die sich gemeinsam den Herausforderungen dieses komplexen, volatilen, schnelllebigen Unternehmensumfelds stellen und zusammen neue Lösungen entwickeln. Das Prinzip Shared Leadership wird auch im Mittelmanagement diesem grundlegenden Wandel von Führungsverständnis gerecht, indem es unterschiedliche Individuen mit heterogenen Fähigkeiten, Fertigkeiten und Verantwortlichkeiten zusammenbringt und so zu tragfähigen Entscheidungsprozessen befähigt.

Auf Autorität verzichten

Zuallererst muss natürlich Autorität abgegeben beziehungsweise geteilt werden, es gilt also zunächst einen Kompromiss auf der Ego-Seite auszuhalten. Eine geteilte Führungsposition erscheint im ersten Moment weniger mächtig und daher möglicherweise weniger attraktiv. Wenn sich jedoch die Co-Führungskräfte gegenseitig respektieren, wenn sie gut kommunizieren, Ressourcen bündeln und ihr Engagement für das Unternehmen größer ist als ihr persönlicher Geltungsdrang/Geltungswunsch (Ehrgeiz), kann sich die gemeinsame Führung als sehr aussichtsreich erweisen und zu einer regelrechten Erfolgsstory werden. Meinen Erfahrungen und Recherchen zufolge entstehen Unternehmen jedes Jahr hohe ökonomische Kosten, weil zum Beispiel unzählige hoch qualifizierte Frauen als potenzieller Führungsnachwuchs ausscheiden, nur weil sie Mutter werden und nicht mehr Vollzeit arbeiten. Hier eröffnet Geteilte Führung hervorragende neue Möglichkeiten.

Die Hauptherausforderung bei geteilter Führungsverantwortung besteht für Unternehmen darin, dass sie Funktionsstellen aufteilen müssen, was für viele Neuland ist und in jedem Fall erst einmal eine organisatorische Herausforderung bedeutet. Jedoch liegen hierin große Chancen und Vorteile im gegenwärtigen und zukünftigen Arbeitsmarkt, unter anderem durch die Bindung bewährter Mitarbeiter*innen als wesentliches Mittel gegen den Fachkräftemangel, durch verbesserte kollektive Führungsintelligenz sowie durch stabiler und diversifizierter aufgestellte Teams, was nachgewiesenermaßen zu besseren Ergebnissen führt.

1.2 Ist-Analyse: Zielsetzungen, Absichten, Motivation

Als Erstes sollten Sie sich über Ihre eigene Motivation klar werden, weswegen Sie ein Shared-Leadership-Modell angehen wollen. Denn erst wenn Sie Ihre eigenen Beweggründe besser verstehen und einzuordnen in der Lage sind, können Sie herausfinden, ob der Schritt zum Shared-Leadership-Modell für Sie persönlich stimmig ist.

Selbst-Check: Bin ich geeignet für Shared Leadership?

- Möchte ich selbstbestimmter über meine Arbeitszeit verfügen können (= Zeitsouveränität)?
- Möchte ich Menschen führen, traue es mir aber allein (zum aktuellen Zeitpunkt/in der aktuellen Situation) nicht zu?
- Möchte ich für mich/für meine Familie während der Woche freie Stunden haben?
- Möchte ich mich zu fachlichen und mitarbeiterbezogenen Entscheidungen ständig austauschen können?
- Möchte ich wirklich für eine andere Person ständige*r vertrauensvolle*r Ansprechpartner*in sein und gleichzeitig meine eigenen Interessen bei Bedarf im Sinne des Gesamtziels in den Hintergrund stellen?
- Möchte ich selbst dazulernen und meine eigenen fachlichen und persönlichen Kompetenzen on the Job erweitern?
- Möchte ich als erfahrene Führungskraft mein Know-how an eine Nachwuchsführungskraft im Job-Tandem weitergeben?
- Möchte ich meine Gesundheit stärken beziehungsweise Gesundheitsvorsorge betreiben und hierbei einen Fokus auf meine Lebensplanung setzen?
- Möchte ich auf dem Weg in den Ruhestand weniger arbeiten und gleichzeitig weiterhin als Führungskraft tätig sein (generationsübergreifende Geteilte Führung)?

Wenn Sie mindestens 5 der 9 Fragen mit „Ja“ beantwortet haben, ist das schon mal eine sehr gute Voraussetzung und es lohnt sich, auf die folgenden Fragen zu schauen:

- Möchte ich persönlich kürzertreten und meiner/meinem Tandempartner*in komplett die Führung überlassen?
- Möchte ich für mich sicherstellen, dass ich zu festgelegten Zeiten konsequent nie erreichbar bin, und trotzdem einen Führungstitel tragen?
- Möchte ich meine Entscheidungen und Erfolgsgeschichten durchsetzen und mich persönlich und meine Karriereabsichten in den Vordergrund stellen?
- Möchte ich unbedingt schnell eine (erste) Führungsaufgabe bekleiden und dadurch mein Ego stärken beziehungsweise meine eigene Visibilität steigern?
- Möchte ich zeigen, dass ich im direkten Vergleich mit einer anderen Führungskraft besser performe und mich damit für die nächste Führungsstufe besser eigne?

Wenn Sie nun diese letzten Fragen mit „Nein“ beantwortet haben, scheint das Shared-Leadership-Modell für Sie tatsächlich eine echte und auch Erfolg versprechende Alternative zur klassischen One-Man-/-Woman-Führung zu sein. Sollten Sie diese Fragen für sich jedoch anders beantwortet haben, überprüfen Sie bitte selbstkritisch, ob der Weg in gemeinsame Führung eine gute Wahlmöglichkeit für Sie darstellt, und besprechen Sie den jeweiligen Punkt mit Ihrer/Ihrem potenziellen Tandempartner*in. Nutzen Sie dazu auch die folgenden Seiten zum Abgleich Ihres gemeinsamen Führungsverständnisses.

Generell gilt der Grundsatz: Geteilte Führung ist für jede Tätigkeit möglich. Sie ist jedoch nicht für jede Persönlichkeit geeignet.

Nicht jede*r ist von seiner Persönlichkeit her gleich gut für ein Shared-Leadership-Modell geeignet. Während einige darin aufgehen und zusammen mit dem Tandempartner hervorragende Ergebnisse liefern, finden andere darin keine Erfüllung. Bevor Sie für sich in Erwägung ziehen, als Partner in einem Führungsteam zu fungieren, hinterfragen Sie selbstkritisch Ihre eigenen Zielsetzungen, Absichten und Ihre Motivation.

1.3 Führungsverständnis und -umfang vorab abgleichen

Die Entdeckungsreise zum übergeordneten Teamzweck – „Teampurpose“ genannt – hinterfragt generell alles, was im Unternehmen rund um das Shared-Leadership-Team passiert, ist also quasi eine 360-Grad-Betrachtung. Sämtliche Einflüsse dienen als Check und stellen das Modell auf den Prüfstand. So wird die Sinnhaftigkeit und Beständigkeit auf die Probe gestellt und ein mögliches Scheitern weitgehend ausgeschlossen. Was im ersten Moment wie eine Fleißaufgabe wirkt, erweist sich am Ende nicht selten als erfolgsentscheidend.

Gemeinsames Verständnis

Besonders bei Tandems, die sich erst kurz kennen oder gar erst zum Führungsstart kennenlernen, gilt es, ein gemeinsames Verständnis füreinander zu finden und somit ein tragfähiges Fundament zu errichten. Zwischen Ihnen beiden muss Einigkeit darüber herrschen, *wie* Sie führen wollen beziehungsweise *was* Ihre konkreten Ziele sind.

Generell sind folgende **vier Führungsstile** am weitesten verbreitet:

- autokratisch-autoritärer Führungsstil
- kooperativ-demokratischer Führungsstil
- Laissez-faire-Führungsstil
- partizipativer Führungsstil

Wichtig zu wissen ist, dass diese Stile nicht automatisch als in sich abgeschlossene Systeme zu betrachten sind, sondern sich zum Teil überschneiden. Dennoch widersprechen sie sich natürlich strukturell und von der Idee her. Egal, für welche dieser Möglichkeiten Sie sich entscheiden oder ob Sie vielleicht sogar unterschiedliche Stile oder eine Mischform praktizieren wollen – auf jeden Fall darf zwischen Sie beide kein Blatt passen. Dazu später mehr.

Tipp: Lassen Sie (zumindest nach außen hin) keine offenen Flanken gegenüber internen Kritikern zu, die es fast immer gibt.

Gegen Kritik wappnen

Ich kenne gemischtgeschlechtliche Führungstandems, die sich gegenseitig scherzhaft „My best half“, „Job-Husband“ und „Job-Wife“ nennen. Sie drücken damit eine echte Verbundenheit und Wertschätzung für die Arbeitsbeziehung zum/zur anderen aus. Entscheiden Sie selbst, ob Ihnen das nicht vielleicht etwas zu weit geht. Üblicherweise ist es so, dass geteilte Führungsfunktionen im Gesamtunternehmen als andersartig-exotisch betrachtet werden und somit unter besonders kritischer Beobachtung stehen. Teilweise scheint es sogar so, als ob von Gegnern des Modells, z. B. aufgrund ihrer persönlichen, oft patriarchischen Prägung, nur darauf gewartet würde, dass sich vorhergesagte Schwachstellen zeigen und damit der Beweis dafür geliefert wird, dass das Projekt zum Scheitern verurteilt ist. Häufig kommen Kritiker dann aus der Deckung, wenn sie das Gefühl haben, dass sich das Tandem in bestimmten Punkten nicht einig ist – dies haben mir Tandemteams in Coachings immer wieder berichtet. Auch der Neidfaktor spielte gelegentlich eine nicht unwesentliche Rolle.

5 Schritte zur Schwachstellenanalyse

Die folgende „Team Discovery“, die ihren Ursprung in der agilen Teamentwicklung hat, stellt eine gute Basis dar, damit genau diese (persönlichen) Schwachstellen vorab analysiert werden können und somit ein vorhersehbarer Kollateralschaden fürs Team und damit fürs Unternehmen vermieden wird. Beantworten Sie gemeinsam diese Fragen und sichern Sie sich damit vor dem Start ein gleiches Verständnis über

Stakeholder, gemeinsame Ziele, Werte, Umgang und Teampurpose zu. Das Commitment entscheidet nicht selten über Erfolg oder Misserfolg.

1. Teamwerte

- Wofür stehen wir?
- Was sind unsere gemeinsamen Werte?
- Welche dieser Werte wollen wir zum Kern unseres gemeinsamen Führungsteams machen?

2. Teamziele

- Was wollen wir beide als Gruppe wirklich erreichen?
- Was wollen wir in drei bis fünf Jahren erreicht haben?
- Wofür steht jede*r Einzelne von uns?

3. Team-Stakeholder

- Wem dienen wir als gemeinsames Führungsteam (Kunden, Team, Vorgesetzte)?
- Was erwarten unsere Stakeholder aktuell von uns?
- Was erwarten diese Interessengruppen von uns in der Zukunft?

4. Teamverhalten

- Wie müssen wir unsere Kommunikation untereinander strukturieren, um unsere Ziele zu erreichen?
- Worauf müssen wir uns bei unseren Treffen konzentrieren?
- Welche Rollen nehmen wir jeweils in unserem gemeinsamen Führungsteam ein?

5. Teampurpose

- Wozu bilden wir dieses gemeinsame Führungsteam?
- Was ist der Sinn unserer gemeinsamen Arbeit?
- Was können wir nur gemeinsam und nicht als Einzelne erreichen?

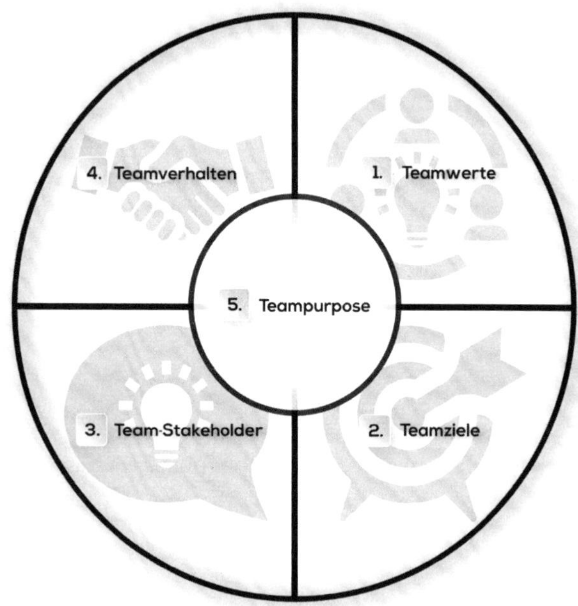

Abb. 1: Shared Leadership Team Discovery

Zuständigkeiten festlegen

Meinen Erfahrungen zufolge resultieren rund 80 Prozent der Bürokonflikte aus unklaren Verantwortlichkeiten, Rollen und Schnittstellen, und zwar völlig unabhängig von

Führungsmodellen. Jede Neu- und Umstrukturierung erfordert eine völlig neue Definition von Zusammenarbeit. Was hier so einfach und logisch klingt, macht de facto 60 Prozent meines Jahresumsatzes als Trainerin und Führungscoach aus.

Immer wieder zeigt sich, wie wichtig es ist, Zuständigkeiten und Rollen von Anfang an einvernehmlich zu klären und die einmal vorgenommene Rollenaufteilung stets kritisch im Blick zu behalten. Das heißt auch, diese von Zeit zu Zeit zu hinterfragen und gegebenenfalls den strukturellen Erfordernissen beziehungsweise Ressourcen sowie – falls erforderlich! – den individuellen Kompetenzen der Tandempartner anzupassen.

Rollen und Verantwortlichkeiten intern und extern kommunizieren

Sind Rollen und Verantwortlichkeiten einmal festgelegt, müssen diese als Nächstes transparent intern wie extern kommuniziert werden – andernfalls sind Probleme vorprogrammiert, denn Veränderungen sind nie einfach zu managen. Wie Sie dabei am besten vorgehen, werde ich ausführlich in Kapitel 2.4 „Kommunikation, Kommunikation, Kommunikation“ beschreiben.

Veränderungen gemeinsam managen

In der Organisationspraxis spielt sich Veränderung immer auf zwei Ebenen ab:

1. Die erste Ebene ist die Sachebene, hier wird das **WAS** der Zusammenarbeit geregelt: formale Themen, wie Work-

flows, Meetingstrukturen, Jobbeschreibungen, Zieldefinitionen, Entwicklungspläne, Qualifizierungsmaßnahmen – also quasi das Pflichtenheft oder auch das Brot-und-Butter-Geschäft.

2. Die zweite Ebene betrifft das **WIE**, also die Art und Weise der Zusammenarbeit. Hierunter fallen Werte beziehungsweise Wertschätzung, Unternehmenskultur, Führungskultur, also z. B. das gemeinsame Verständnis darüber, wie die Kommunikation im Team erfolgt, wie das Team mit Fehlern umgehen will, wie Entscheidungen getroffen, wie Konflikte gelöst und nicht zuletzt auch wie Erfolge gefeiert werden.

Vertrauen und Wertschätzung

Festzuhalten bleibt: Das WAS beeinflusst das WIE, noch stärker jedoch beeinflusst das WIE das WAS. In einer Arbeitsatmosphäre, die geprägt ist von Vertrauen und Wertschätzung, wird sich ein Team schneller und nachhaltiger auf gemeinsame Abteilungsziele einigen (und diese auch erreichen!) als in einer angespannten, weniger respektvollen Umgebung. Entscheidend ist stets der psychologische Vertrag, sprich: die persönliche Bindung an ein Unternehmen und das Gefühl von innerer Zugehörigkeit zu einem Team!

Äußeren Rahmen setzen

Die erste Aufgabe eines Führungstandems besteht wie beschrieben darin, seine Hausaufgaben mit dem „WAS“ zu machen, also den äußeren Rahmen der Zusammenarbeit festzulegen, und dann sehr schnell im zweiten Schritt in den vertrauensvollen Dialog mit dem Team darüber einzusteigen, wie das „WIE" gut funktionieren kann. Das klappt am besten in Kleingruppen oder aber im 1:1-Dialog. Dadurch entwickeln sich Akzeptanz, Commitment und Motivation.

Definieren Sie zunächst Ihren Führungsstil und gleichen Sie Ihr Führungsverständnis mit dem potenziellen Tandempartner ab – hierfür eignet sich hervorragend die „Team Discovery". Wenn der äußere Rahmen festgelegt ist, regeln Sie Ihre Zusammenarbeit, indem Sie Zuständigkeiten festlegen und diese intern wie extern kommunizieren. Versichern Sie sich zudem Ihres unbedingten gegenseitigen Commitments!

1.4 Strukturelle Voraussetzungen: Kultur, IT, Tools

Die individuellen Bedürfnisse, der Teampurpose und auch die Zielsetzung sind klar? Dann brechen Sie auf zum – mindestens genauso wichtigen – Kultur-Check! Schon der Pionier der Managementlehre, der legendäre US-amerikanische Ökonom Peter Ferdinand Drucker, der seit den 1940er-Jahren zahlreiche einflussreiche Werke über Theorie und Praxis des Managements veröffentlichte, prägte den Satz: „Culture eats strategy for breakfast." Damit ist gemeint: Die beste Strategie nützt nichts, wenn die Firmenkultur sie nicht zulässt.

Grundlegende Voraussetzungen

Folgende drei grundsätzlichen Voraussetzungen in der Unternehmenskultur müssen gegeben sein:

1. In der Geschäftsführung beziehungsweise dem Vorstand muss die Bereitschaft bestehen, sich auf das Führungsmodell offen einzulassen, idealerweise ist das Top-Management sogar selbst Initiator.
2. Das Modellvorhaben muss proaktiv kommuniziert werden, z. B. mit Berichten im Intranet (Best-Practice-Beispiele).
3. Es muss die klare Bereitschaft zu Anpassungen der internen Abläufe an die Bedürfnisse von Leadership-Tandems, z. B. hinsichtlich der Meetingkultur, bestehen.

Akzeptanz in der Führungsetage

Erst wenn das Modell in der Kultur verankert, also in der Unternehmensführung anerkannt ist, wird es auch in den Ebenen darunter entsprechend gelebt werden. Erfolgt dies nicht oder nicht in ausreichendem Maße, werden sich die Mitarbeitenden sehr genau überlegen, ob sie sich auf ein Modell einlassen können und wollen, das hinter den Kulissen eher mit einem Augenzwinkern und womöglich mit abwertenden Titeln wie „Papi-Mami-Führung“ oder als „Mütter-zurück-im-Job-Modell“ bezeichnet wird.

Mögliche Hürden

Was heißt das für die Praxis? Auch wenn der Mehrwert von Shared Leadership intern eigentlich klar ist, das Modell eventuell sogar in der Strategie Erwähnung findet und sich der Vorstand oder mindestens die HR-Leitung mit dessen Implementierung schmückt, so kann die Implementierung dennoch gründlich misslingen. Wie ist das möglich?

Digitale Infrastruktur

Man sollte es im 21. Jahrhundert kaum glauben, jedoch liegen viele Herausforderungen noch immer in der digitalen Infrastruktur. Hier stoßen wir unter dem Strich sogar gleich auf drei Herausforderungen: Technik, Datenschutz und Zuordnen von Verantwortung.

In jahrelanger Arbeit haben die allermeisten Unternehmen sämtliche technischen Prozesse aus durchaus verständlichen Gründen so eingerichtet, dass es eindeutige Zuständigkeiten und Verantwortlichkeiten für Genehmigungsprozesse geben muss. Denn sonst besteht die Gefahr, dass wesentliche To-dos im digitalen Workflow stecken bleiben und von niemandem erledigt werden – Stichwort: Verantwortungsdiffusion nach dem Motto „TEAM = Toll, ein anderer macht's"!

> Fast alle Leadership-Paare, mit denen ich während der Recherchen zu diesem Buch gesprochen habe, würden hier sehr gerne eine Ausnahme machen und z. B. mit nur einem gemeinsamen Postfach agieren, in welchem automatisch alle Nachrichten für beide eingehen. In Zeiten von vorgefertigten Workflows ist das allerdings nicht so einfach umzusetzen, besonders in größeren Organisationen mit strengen Datenschutzauflagen.

Schließlich wird nicht zuletzt das Thema „Zuordnen der Mitarbeitenden", z. B. um Urlaub zu genehmigen, Zielvereinbarungen freizuschalten, Entwicklungspläne einzusehen, Qualifizierungsmaßnahmen/Trainings zu bewilligen, bisweilen zu einem erheblichen Kraftakt, wenn beide Führungskräfte gleichberechtigt Zugriff haben wollen.

Bypässe finden

Aus meiner Sicht wird es hier Aufgabe für die Zukunft sein, Bypässe zu finden, die diese neuen Anforderungen auch technisch adäquat abbilden – dies ist jedenfalls der große Wunsch und die Hoffnung nahezu aller von mir interviewten Tandems. Solange dies technisch (noch) nicht überall möglich ist, kann nur so verfahren werden, dass stets beide Führungskräfte parallel angeschrieben werden oder die Kommunikation über gemeinsame Kanäle, wie z. B. Microsoft-Teams-Gruppen, funktioniert. Manche Tandems berichteten mir z. B. von einem Teams-Kanal gemeinsam mit dem/der Vorgesetzten.

Updates in Jour fixes

Was Inhalte aus Meetings und Genehmigungsprozesse anbelangt, müssen die Leader sich in ihren Jour fixes gegenseitig ständig updaten. Richten Sie sich am besten eine wöchentliche gemeinsame Zeit ein, die nur Ihnen beiden gehört und wo Sie sich gegenseitig auf den neuesten Stand bringen – ähnlich wie ein Ehepaar. Führen Sie den Jour fixe auch dann durch, wenn auf den ersten Blick nichts auf der Agenda steht, und nutzen Sie ihn für eine Lessons-Learned-Session und zur Stärkung Ihrer Beziehungsebene als Grundlage Ihrer Zusammenarbeit. Andernfalls kann es passieren, dass Sie zerrieben und gegeneinander ausgespielt werden oder „einfach nur“ nicht auskunftsfähig sind und sich dadurch Prozesse oder Genehmigungsverfahren verlangsamen. Leadership-Teams berichten auch von Übergabe-Listen, z. B. vor dem freien Tag des/der anderen, und auch von gegenseitigem Zugriff auf das Mail-Postfach.

Farbcodes nutzen

Zum Priorisieren beziehungsweise Vorsortieren ihrer Mails arbeiten einige Tandems mit unterschiedlichen Farbcodes. So sind z. B. rot eingefärbte Mails für beide interessant, gelb eingefärbte sollten vorrangig von nur einem bearbeitet werden, die grünen sind bereits erledigt oder enthalten lediglich Informationen ohne konkreten Arbeitsauftrag.

Voraussetzungen für die Tandembildung

Geteilte Führung kann in jeder Führungsfunktion klappen, auch bei rein fachlicher Führung. Grundvoraussetzung ist immer das echte Interesse am Menschen – Ihre Mitarbeitenden spüren das genau.

Persönliche Voraussetzungen speziell für das Modell sind:

- Freude an der Arbeit im Team
- Bereitschaft zur Abstimmung – auch und besonders bei wichtigen Entscheidungen
- Fähigkeit zur ständigen Reflexion und schnellen Reaktion bei Anpassungsbedarf
- Gemeinsam lernen, das eigene Wissen bereitwillig teilen und damit die Arbeitsbeziehung inhaltlich ständig festigen

Match-Potenzial persönlich prüfen

Künstliche Intelligenz für ein Tandem-Matching einzusetzen klappt nicht, weil eine rein kompetenzbasierte Auswahl nicht ausreicht – vielmehr müssen Chemie und Sympathie stimmen. Persönliche Präferenzen und Denkweisen dürfen dabei durchaus große Schnittstellen haben, das hilft dabei, ein gemeinsames Verständnis zur Führung zu entwickeln und in schwierigen Situationen beziehungsweise Konflikten zusammenzufinden. Andere Kompetenzen und Andersartigkeit sind in der Regel ohnehin ausreichend vorhanden. Vertrauen wächst durch Überschneidungen besonders im persönlichen Wertegerüst. Organisatorisch ist eine menschliche Kontaktfläche, z. B. durch ein gemeinsames Büro, von Vorteil.

Aktives Commitment der Unternehmensleitung

Der Autor David Cummings macht mit seinem Zitat „Corporate culture is the only sustainable competitive advantage that is completely within the control of the entrepreneur"* deutlich, dass das Top-Management von Unternehmen die eigene Kultur wesentlich verkörpern und prägen kann und das auch, sicherlich oft unbewusst, tut. Steht also das Top-Führungsteam nicht voll hinter dem Modell oder macht sich (womöglich hinter vorgehaltener Hand) sogar lustig darüber, wird das Tandem nicht „fliegen", sprich: nicht in die Firmenkultur integriert und somit nicht erfolgreich sein können.

---

* Cummins, David: The Top 3 Things Every Entrepreneur Needs to Know, 7.12.2011, https://davidcummings.org/2011/12/07/ the-top-3-things-every-entrepreneur-needs-to-know/ (aufgerufen am 17.09.2023)

Diese praktischen Maßnahmen helfen Ihrem Tandem beim Roll-out und bei der Integration:

- Zur Einführung: Zeit einplanen, um Strategie-Entwicklung und Arbeitsrahmen zu finden
- Aktive Begleitung, z. B. durch bereits laufende Tandems und/oder eine*n Coach*in
- Für laufende Teams: Supervision mit externer Begleitung und Intervision/Austausch

Tandem auf jeder Hierarchieebene möglich

Grundsätzlich ist Geteilte Führung in jedem Bereich möglich. Denn wer will, findet bekanntlich Wege, beziehungsweise wer nicht will, findet (auch bekanntlich) Gründe. Bei Aufgaben mit Kundenkontakt ist natürlich strikt darauf zu achten, dass eine durchgehende Erreichbarkeit gewährleistet ist und der Kunde keine Nachteile durch eine geteilte Führungsverantwortung spürt.

Allgemein gilt Folgendes: **Je weiter oben, umso herausfordernder!** Mit anderen Worten: Je näher an der Geschäftsführung beziehungsweise am Vorstand ein Führungstandem fungiert, umso mehr und länger wird in der Regel gearbeitet und umso schwieriger wird die konkrete Gestaltung von Teilzeitführungspositionen. Meist sind Shared-Leadership-Modelle daher auf Abteilungsleiter- und Gruppenleiterebene anzutreffen.

Verschiedene Modelle sind möglich

Ein wesentlicher Faktor für eine gelingende Tandemführung ist die Erreichbarkeit, denn die beiden Partner arbeiten in der Regel nicht parallel zur gleichen Zeit. Da meist beide in Teilzeit tätig sind und natürlich die private Situation berücksichtigt werden soll (deshalb ja Teilzeit!), sind verschiedenste Zeitmodelle möglich, wie z. B.:

- 1. Führungskraft: Mo. 9:00 bis 18:00 Uhr, Di. bis Do. 9:00 bis 15:00 Uhr, Fr. frei = 26 Std./Woche, bei einer 40-Stunden-Woche = 65-Prozent-Stelle
- 2. Führungskraft: Mo. frei, Di., Mi. und Fr. 9:00 bis 15:00 Uhr, Do. 9:00 bis 18:00 Uhr = 26 Std./Woche = 65-Prozent-Stelle

Natürlich gibt es noch unzählige andere Aufteilungsmöglichkeiten. Auf jeden Fall sollte für die Mitarbeitenden und gegebenenfalls auch für (wichtige) Kunden eine möglichst durchgängige Erreichbarkeit gewährleistet sein. Das muss nicht telefonisch oder gar physisch sein, es kann auch die kurzfristige Reaktion per Mail sein. Entscheidend sind Verbindlichkeit und Zuverlässigkeit. Im obigen Beispiel, das in einem Versicherungsunternehmen praktiziert wird, ist das Team an drei Tagen pro Woche ab 15:00 Uhr „allein" und muss sich selbst organisieren. Hier musste vorab individuell geregelt werden, wie das Team in diesen Zeiten agieren sollte, wenn es zu unvorhergesehenen Themen käme. Das führt automatisch zur nächsten möglichen Hürde: interne Akzeptanz schaffen und Selbstverantwortlichkeit stärken!

Erfolgsfaktor Erreichbarkeit

Auch für interne Peers, z. B. Führungskräfte auf gleicher Ebene, mit denen oftmals gemeinsame Projekte parallel laufen, ist Transparenz ein wichtiger Akzeptanzfaktor. Gleiches gilt vice versa natürlich für externe Kunden.

Zu Unmut kommt es unweigerlich, wenn eine Teilzeitführungskraft nicht erreichbar ist und ein Hinweis auf die Arbeitszeiten fehlt oder aber wenn an den/die Tandempartner*in verwiesen wird, der/die über den Vorgang womöglich aber nicht Bescheid weiß. Sollte der Kunde zum Beispiel gerade einen schwachen Moment einer Tandempartnerin erwischen, die vielleicht sagt: „Ich weiß auch nicht, was meine Kollegin da gemacht hat, da ist so ein Durcheinander in ihrem Laufwerk", ist das gesamte Modell geschwächt und wird ruckzuck infrage gestellt. Wie könnte hier nun eine mögliche Lösung aussehen?

1. Dialog

Probleme sofort ansprechen und nicht um den heißen Brei herumreden oder bagatellisieren! Miteinander, nicht übereinander reden ist der methodische Königsweg bei allen (wie auch immer gearteten) Konflikten – bei Geteilter Führung hat die Kommunikation untereinander eine ungleich höhere erfolgskritische Bedeutung.

2. Rahmen und feste Strukturen setzen

Das Geschäftsprinzip „structure follows strategy" des amerikanischen Wirtschafshistorikers und Ökonoms Alfred D. Chandler, Jr. besagt: Die Organisationsstruktur eines Unternehmens (Teams, Prozesse, Technologien) muss so ausgelegt sein, dass sie dabei unterstützt, die Strategie eines Unternehmens zu erreichen. Die Struktur des

Shared-Leadership-Modells muss also auch so aufgesetzt sein, dass sie einen strategischen Beitrag leisten kann. Wenn das Modell nur einem Selbstzweck folgt, wird es intern nicht anerkannt und auch den Stelleninhabern keine Motivation geben.

3. Erwartungsmanagement

Hiermit sind – neben den bereits oben beschriebenen eigenen Erwartungen aus der Checkliste – die Erwartungen der Mitarbeitenden, des Führungsteams und der nächsthöheren Führungskraft gemeint. Dieser Punkt bedarf in jedem Fall einer (selbstkritischen) Evaluation in regelmäßigen Zyklen. Oftmals geht es um die Frage: Muss ein Thema ausgerechnet in diesem Moment, z. B. am Montag um 16:30 Uhr, noch geklärt werden? Oder reicht es vielleicht auch noch am Dienstag um 9:00 Uhr? Und wenn es eine sehr dringende Frage gibt, z. B. weil ein Pitch bei einem Kunden am nächsten Tag ansteht ... wie ist dann eine Erreichbarkeit im Notfall möglich?

Etablierte Standards aufweichen

Diese Abweichung vom gelernten und über Jahrzehnte gelebten Vollzeit-Führungsstandard stellt für den ein oder anderen zweifellos eine Herausforderung dar und natürlich sollte die Teilzeit der einen Person nicht (dauerhaft) zu Mehrarbeit bei anderen Personen führen. Generell gilt jedoch: Es gibt für (fast) alles eine Lösung, hierbei helfen vor allem eine konstruktive Haltung und der gute Wille.

Braucht es Geschlechterparität?

Tandem-Paare berichten häufig, dass es durchaus von Vorteil sei, geschlechtergemischte Paare zu haben. Zum einen werde dadurch die Akzeptanz intern gesteigert, zum anderen werde so die Effizienz im Tandem im Hinblick auf die zu bearbeitenden Themen verbessert, denn Heterogenität bringt normalerweise positivere Ergebnisse als (zu viel) Homogenität – dies ist ein biologisches Naturgesetz. Selbst wenn Homogenität nicht „Gleichheit", sondern „Gleichartigkeit", „Ähnlichkeit", „Verwandtschaft" meint, sind heterogene Teams aus meiner Erfahrung in Wirtschaftsorganisationen fast immer im Vorteil. Dies gilt aus meiner Sicht auch für die Geschlechterparität, auch wenn sie natürlich keine Voraussetzung darstellt.

Frauenanteil überwiegt

Meistens sind es derzeit noch überwiegend Frauen (z. B. Mütter), die in einem Führungstandem-Modell tätig sind. Möglicherweise hängt dies mit dem Wunsch zusammen, sich um die Familie zu kümmern, teilweise auch (immer noch) mit der finanziellen Realität, weil Männer häufig mehr verdienen und Frauen sich tendenziell familiär stärker engagieren wollen. Zum Erscheinungsdatum dieses Buches (2024) liegt der Gender Pay Gap in Deutschland laut Statistischem Bundesamt bei 18 Prozent.* Umfragen zeigen, dass in Deutschland rund 70 Prozent aller Arbeitnehmerinnen

---

* Pressemitteilung Nr. 036 vom 30.01.2023, auf: https://www.destatis.de/DE/Presse/Pressemitteilungen/2023/01/PD23_036_621.html (aufgerufen am 17.09.2023)

und Arbeitnehmer an Geteilter Führung „sehr oder eher interessiert“ sind (sowohl Frauen als auch Männer). Das größte Interesse bestand bei den 31- bis 40-jährigen Teilnehmenden, da waren es satte 83 Prozent.* Die von mir gecoachten Tandempaare berichten von zahlreichen internen Nachfragen und großem Interesse im eigenen Unternehmen sowie im beruflichen und privaten Umfeld.

Zunehmend mehr männliche Interessenten

Auch für Männer, gerade jüngere, scheint das Modell zunehmend attraktiver zu werden – dies wurde mir auch in vielen Gesprächen berichtet. Immer mehr Väter sehen zumindest temporär ihre Aufgabe und Erfüllung auch in Familienarbeit beziehungsweise Kindererziehung oder möchten „einfach so“ mehr Zeit für sich selbst haben. Es ist also davon auszugehen, dass die Anzahl in den nächsten Jahren noch erheblich steigen wird.

Gemischte Teams performen besser

Die wichtigsten Schmierstoffe für Team-Performance sind ohne Frage soziale Intelligenz und analytische Kompetenzen. Während meiner Erfahrung nach Frauen im sozialen Bereich oftmals besser sind, haben Männer häufig in Analysefähigkeiten die Nase etwas vorn, wobei Ausnahmen natürlich die Regel bestätigen – beides zusammen ergibt

* Himmen, Esther: Topsharing. Eine Studie zum Interesse an Jobsharing auf Führungsebene, 2018

eine optimale Voraussetzung für ein erfolgreiches Führungstandem. Allgemein gilt:

- Innovation lebt von diversen (z. B. männlichen beziehungsweise weiblichen) Perspektiven und Positionen.
- Gemischte Führungstandems verhindern in der Regel gefährliche genderspezifische Blindspots. Letzteres ist vor allem relevant für Unternehmen, deren Kundenbasis nicht mehrheitlich männlich ist – und davon gibt es viele.

Nur wenn in der Geschäftsführung die Bereitschaft besteht, sich offen auf das neue Führungsmodell einzulassen bzw. es sogar zu fördern und proaktiv zu kommunizieren, besteht Aussicht auf eine erfolgreiche Implementierung. Shared Leadership darf kein Aufspringen auf einen sexy Trend sein, wo die ernsthafte Überzeugung fehlt und womöglich hinter vorgehaltener Hand geschmunzelt wird. Finden Sie gemeinsam kreative IT-Lösungen, schaffen Sie Transparenz über Erreichbarkeit und bringen Sie sich innerhalb des Tandemteams gegenseitig regelmäßig in Jour fixes auf den neuesten Stand.

1.5 Fallstricke, Hindernisse, häufige Fehler

Aus meiner Moderationstätigkeit weiß ich, dass es in geteilten Führungsteams einige mögliche Fallstricke und häufige Fehler gibt, die unbedingt vermieden werden sollten. Ganz vorne steht sicherlich die Wahl des/der Tandempartner*in. Hier passieren in der Praxis die meisten Fehler.

Datenbanken sind wenig hilfreich

In einigen größeren Unternehmen gibt es inzwischen bereits die Möglichkeit, in Datenbanken nach dem/der geeigneten Tandempartner*in zu suchen. Was fast wie ein jobmäßiges Partnerportal wirkt, ist häufig noch nicht zu Ende gedacht. Oftmals sind in diesen Portalen viel zu wenige Informationen für eine gezielte Auswahl nach fachlichen und persönlichen Kompetenzen enthalten. In den nächsten Jahren werden hier sicherlich noch verbesserte Lösungen an den Start gehen (müssen). Weitaus zielführender ist es aus meiner Sicht, selbst aktiv zu werden. Am besten ist es, wenn man/frau eine*n potenzielle*n Tandempartner*in schon aus der bisherigen Zusammenarbeit kennt.

Der Arbeitszeitanteil

Wenn plötzlich eine 100-Prozent-Führungsstelle mit zwei Teilzeitkräften à 60 oder 70 Prozent besetzt wird, führt das im Umfeld zunächst mal zu Irritationen. Warum sollte ein auf Gewinn ausgerichtetes Unternehmen so etwas tun? Die Antwort haben Sie bereits gelesen: weil es sonst niemand tun würde. Das ist zwar einfach und logisch, aber es wirkt gleichzeitig nicht wirtschaftlich. Es gilt daher die grundsätzliche Regel, die gesamte Stellenanzahl, das sogenannte FTE (= Full Time Equivalent), langfristig möglichst auf dem gleichen Niveau zu halten – was in der Regel gut funktioniert. Denn am Ende geht es in Wirtschaftsunternehmen natürlich nicht nur um Effektivität, sondern auch immer um Wirtschaftlichkeit.

Tatsächliche Arbeitszeit meist höher als vereinbart

Manche Unternehmen machen im Sinne der Motivation einem neuen Leader-Team jedoch auch Zugeständnisse und genehmigen 20 oder 30 Prozent mehr Arbeitszeit, zumindest für eine Übergangszeit von einigen Monaten. In vielen Unternehmen wird das Modell auch bewusst genutzt, um die Anzahl an Frauen in Führung zu erhöhen. Hier gilt es, am Image und Mehrwert des Modells zu arbeiten und es nicht zum Mutti-Modell zu degradieren. Übrigens berichteten mir sämtliche Tandems, mit denen ich gesprochen habe, dass die wöchentliche Arbeitszeit fast nie eingehalten werden kann. Statt der geplanten 32-Stunden-Woche sind es dann eher 35 bis 37, bei Vollzeit sind es eher 48 bis 50 statt der veranschlagten 40 Stunden.

Die Herausforderung bleibt im Tandem die gleiche wie in Vollzeit: in angemessener Zeit alle Aufgaben zu schaffen und alle relevanten Informationen an den/die Tandempartner*in weiterzugeben.

Nicht an der falschen Stelle sparen

Ein Unternehmen ist gut beraten, die Arbeitszeitdiskussion nicht wegen ein paar Euro Mehrkosten pro Monat auf die Spitze zu treiben. Dieses Geld ist in der Regel gut investiert. Denn es kommt letztlich meist deutlich günstiger, (kurzfristig) die Arbeitszeit der beiden Leader zu erhöhen, als eine Stelle unbesetzt zu lassen oder aber einen teuren externen Headhunter zu beauftragen – was ja die Alternative wäre. Auch ist die Gefahr von Fehlbesetzungen, die erhebliche Zusatzkosten verursachen, intern deutlich geringer. Man rechnet übrigens bis zu 1,5 Jahresgehälter, wenn der/die eingestellte Bewerber*in das Unternehmen in der Probezeit wieder verlässt. Die Kosten entstehen für Headhunter, Arbeitszeit der Kolleg*innen für die Einarbeitung, Aufwand des Onboardings. Die interne Unruhe und Frustration sind finanziell nicht bestimmbar, kommen aber natürlich noch hinzu.

Verantwortungsdiffusion und Doppelarbeit

Einer der häufigsten Fallstricke ist meiner Erfahrung nach Verantwortungsdiffusion. Da durch ein Führungstandem vom klassischen Hierarchiekonzept abgewichen wird und durch übergreifende Verantwortlichkeiten, insbesondere bei Vertretung des Tandempartners, Doppelungen entstehen können, braucht es zwangsläufig einen höheren Abstimmungsbedarf – das wiederum erhöht die Komplexität der internen Organisation.

Hier hilft nur klare und ständige Kommunikation, die im ersten Moment Zeitaufwand verursacht, sich aber mittelfristig auszahlt. Entscheidungsprozesse können dadurch auch länger dauern. Um Diffusion (zumindest weitgehend) zu vermeiden, wäre es wichtig, vorab genau zu definieren, welche Entscheidungen im Rahmen des eigenen Verantwortungsbereichs allein entschieden werden dürfen/sollen und zu welchen sich die Partner*innen abstimmen müssen.

Hier empfehle ich im ersten Schritt eine Differenzierung in

- geteilte Aufgaben (= Kategorie 1), für die jeweils ein Tandempartner im Lead verantwortlich ist, z. B. die Aufteilung in Vertriebstätigkeit und Buchhaltungsthemen,
- Fokus-Aufgaben (= Kategorie 2), bei denen beide alles wissen („Staffellauf"), jedoch eine*r im Lead ist, z. B. der anstehende Pitch beim Kunden oder die zeitnahe Abgabe der Personalplanung, und
- gemeinsame Aufgaben (= Kategorie 3), also doppelte Aufgabenbelegung, das heißt, beide arbeiten verantwortlich am selben Thema, weil dieses von hoher Wichtigkeit ist und eine hohe Management-Attention/-Aufmerksamkeit beansprucht, z. B. die Ausrichtungsstrategie für zukünftige Geschäftsfelder.

Dabei hat Kategorie 1 in der Regel den größten Anteil, auf die Kategorien 2 und 3 entfallen jeweils ca. 15 bis 20 Prozent. Natürlich kann sich die Verteilung temporär und je nach aktueller Geschäftssituation verschieben. Wichtig bleibt der kontinuierliche Dialog darüber im Tandem und auch mit dem Team.

Höherer Koordinationsaufwand mit Schnittstellen

Abstimmungen mit Schnittstellenbereichen erfolgen im Rahmen der eigenen Arbeitszeit. Da diese jedoch reduziert ist, steigt der Koordinationsaufwand. Für eine Lösung dieses möglichen Fallstrickes ist es sinnvoll, die bestehende Meetingstruktur zu reviewen und sicherzustellen, dass regelmäßiger Austausch mit den wichtigsten

Stakeholdern im Rahmen der Regelmeetings gewährleistet ist.

Missverständnisse durch zu wenig Kommunikation

Einer der häufigsten Fallstricke ist, dass einfach zu wenig beziehungsweise falsch kommuniziert wird, wodurch es zu Missverständnissen kommen kann. Die Tandempartner sollten speziell zum Start ihre Kommunikationskompetenz auf den Prüfstand stellen. Regelmäßige Feedbackrunden sowie Verbesserungsvorschläge zur eigenen Kommunikation von Vertrauten, wie z. B. Vorgesetzten, Mitarbeiter*innen, Peers (auch aus anderen Bereichen) und gegebenenfalls Externen, sind hier unabdingbar.

Tipp: Vergessen Sie nicht Ihre Kritiker (sofern konstruktiv!), denn deren Rückmeldung ist besonders wertvoll, um mögliche Hindernisse zu antizipieren. Ja, dies alles braucht eine Menge Zeit und ist nicht immer angenehm zu hören, doch ist sie bestens investiert, denn in einem Veränderungsprozess kann es nie zu viel Kommunikation geben und die individuelle Entwicklung ist enorm. Die meisten von uns wollen bekanntlich lieber durch Lob ruiniert als durch Feedback entwickelt werden.

Die häufigsten Fallstricke bei Geteilter Führung sind neben dem (höheren) Arbeitszeitanteil die Themen Verantwortungsdiffusion und Doppelarbeit, aber auch der häufig unterschätzte höhere Koordinationsaufwand zu Schnittstellen sowie mögliche Missverständnisse durch zu wenig Kommu-

nikation. In allen Fällen hilft nur eines: rechtzeitig konstruktiv miteinander reden – und zwar mit dem Tandempartner – sowie Feedback einholen von Vorgesetzten, Mitarbeiter*innen, Peers und gegebenenfalls auch externen Partner*innen wie Kund*innen.

1.6 Checkliste: Geteilte Führung für mein Unternehmen?

Mithilfe der folgenden Checkliste können Sie herausfinden, ob in Ihrem Unternehmen die Voraussetzungen für Shared Leadership gut sind beziehungsweise sich das geteilte Führungsmodell Erfolg versprechend implementieren lässt.

⇨ Fachkräftemangel ist bei uns ein Thema, wir haben Stellen ausgeschrieben und finden nicht beziehungsweise nur schwer neue geeignete Teammitglieder.
- ☐ Ja
- ☐ Nein

⇨ Bei uns existieren bereits Teilzeitmodelle für Führungskräfte.
- ☐ Ja
- ☐ Nein

⇨ Im Unternehmen gibt es schon Befürworter des Modells, die es auch langfristig über mögliche Anfangsschwierigkeiten hinweg supporten würden.

☐ Ja
☐ Nein

⇨ Auch wenn zu Beginn noch Fehler passieren und Neuerungen nicht zu 100 Prozent funktionieren, wird zunächst an einer (sinnvollen) Idee festgehalten, wir lernen schnell und passen uns mit neuen Erkenntnissen an.
☐ Ja
☐ Nein

⇨ Wir haben eine interne Feedbackkultur, in der wir Themen konstruktiv ansprechen und in der wir uns ständig weiterentwickeln.
☐ Ja
☐ Nein

⇨ Wir reden miteinander und nicht übereinander.
☐ Ja
☐ Nein

⇨ Unserem Top-Management ist es wichtig, dass wir ein attraktiver Arbeitgeber sind, Trends vom Arbeitsmarkt aufnehmen und entsprechende Maßnahmen ableiten.
☐ Ja
☐ Nein

⇨ Veränderungen gehören bei uns zum Tagesgeschäft, denn wir haben verinnerlicht, dass Stillstand meist Rückschritt ist.

☐ Ja
☐ Nein

⇨ Geschäftsführung und Vorstand möchten Führungskräften ermöglichen, einen anspruchsvollen Job auszuüben, in dem sie ihre Qualifikation zeigen können und gleichzeitig die Möglichkeit haben, ein Privatleben nach ihren Vorstellungen zu leben.
☐ Ja
☐ Nein

Wenn Sie die meisten dieser Fragen mit „Ja" beantworten können, bestehen sehr gute Chancen, Shared Leadership in Ihrem Unternehmen umsetzen zu können.

Führen mit gleichberechtigten Leadern bringt neben der einen oder anderen Herausforderung vor allem viele Vorteile für Unternehmen mit sich. Organisationen, die geteilte Führungssysteme implementieren,

- berücksichtigen in besonderem Maße die Bedürfnisse der aktuellen und zukünftigen Arbeitsgenerationen,
- werden als innovationsfreudige Arbeitgeber wahrgenommen, was wiederum ihre Attraktivität bei Studienabsolventen und Bewerbern erhöht,
- profitieren auf vielfältige Weise in puncto Mitarbeiterbindung, Kompetenzvielfalt und damit letztlich Kundenzufriedenheit.

Welche persönlichen und fachlichen Kompetenzen sind wichtig?

Seite 47

Wie geht man professionell mit Dysfunktionen um?

Seite 55

Wie kommuniziert man professionell intern und extern?

Seite 58

2. Die Tandem-Doppelspitze – Haltungen, Kompetenzen, Beziehungen

Unsere innere Haltung, auch Mindset genannt, ist die Art und Weise, wie man sich die Welt und auch sich selbst erklärt. Das eigene Mindset ist eine Ansammlung von Gedanken und Überzeugungen, welche wiederum die eigenen Denk- und Verhaltensmuster prägen. Diese beeinflussen, wie beziehungsweise was wir denken, fühlen und handeln. Wir können unsere Haltung gegenüber Menschen und Situationen selbst bestimmen und gegebenenfalls auch ändern. Die neuartige Führungskonstellation des Shared Leadership erfordert neben einem erneuerten Verständnis von Organisation und Struktur besonders eine neue selbstkritische Reflexion der eigenen Haltung und des persönlichen Führungsverständnisses.

2.1 Persönliche und fachliche Kompetenzen

Ein wesentlicher Faktor für das dauerhafte Gelingen eines Tandem-Führungsmodells ist, dass die persönlichen und fachlichen Kompetenzen der Partner miteinander matchen müssen. Es gibt vielfältige Methoden, die eigenen Kompetenzen sowie das individuelle Persönlichkeitsprofil beziehungsweise den persönlichen Denkstil und das sich daraus ergebende Verhaltensmuster zu ermitteln.

Die bekanntesten Diagnostik- und Dialog-Tools sind:

- das HBDI®-Modell von Ned Herrmann (Herrmann Brain Dominance Instrument)
- das DISG®-Modell von William Marston (Dominant, Initiativ, Stetig und Gewissenhaft)
- das Egogramm aus der Transaktionsanalyse
- das MBTI®-Modell von Katharine Cook Briggs und Isabel Myers (Myers-Briggs Type Indicator)

Jedes der genannten Tools hat seine Vorzüge und Nachteile, eines haben sie jedoch alle gemeinsam: Sie sind sinnvolle Dialog-Tools und sorgen genau für den Dialog über Persönlichkeitsmerkmale, individuelle Präferenzen und Kompetenzen, den es zum Start zwischen den Leadership-Partner*innen braucht.

Unterschiedliche Schwerpunkte

Ich bevorzuge in meinen Teamtrainings das weltweit anerkannte **HBDI®-Tool** von Ned Herrmann. Dieses Vier-Quadranten-Modell beleuchtet die Unterschiedlichkeit von Denkstilen und Präferenzen und den sich daraus ableitenden Verhaltensweisen. Besondere Schwerpunkte dabei sind Kommunikationsverhalten, Entscheidungsfindung und Konfliktmanagement.

Gute Alternativen sind das **DISG®-Modell** (unterscheidet den dominanten, den initiativen, den stetigen und den gewissenhaften Typus, wobei es auch Mischtypen gibt), das **Egogramm** (= ermöglicht eine grafische Transaktionsanalyse verschiedener Ich-Zustände) und das **MBTI®-Modell** (Unterscheidung nach extravertiert, introvertiert, intuitiv, sensorisch, beurteilend). Auf diese Weise verschaffen sich die Tandempartner*innen schnell und leichtfüßig (entspannt statt mit Excel-Tabelle) einen Überblick über ihre fachlichen und persönlichen Kompetenzen. Idealerweise stellen sie fest, dass sie über sich ergänzende Kompetenzen verfügen, was sich dann auch in der Aufgabenverteilung widerspiegelt, sprich: Jede*r vereint im eigenen Aufgabenbereich maximal viele Lieblingsaufgaben, die ohnehin erledigt werden müssen. Die Tandems berichten natürlich auch immer von Aufgaben, die keiner erledigen möchte. Diese gilt es aufzuteilen, ohne dass das Gefühl von Ungerechtigkeit entsteht.

Neben diesen Kompetenzen spielen die eigenen Werte eine wesentliche Rolle. Generell gilt: Die wechselseitige Tandemhaltung ist entscheidend.

Mithilfe der folgenden Checkliste können Sie Ihre eigene Tandemhaltung treffend analysieren.

Checkliste: Meine Haltung zum Tandemmodell

- ✓ Wie stehe ich zum Modell? Bin ich wirklich zu 100 Prozent überzeugt?
- ✓ Kann ich es anderen „verkaufen“? Was sind meine „Verkaufsargumente“?
- ✓ Welche Haltung nehme ich gegenüber meinem/meiner Tandempartner*in ein?

✓ Was sind meine Motivationsfaktoren?
✓ Welchen Mehrwert sehe ich in einem regelmäßigen Austausch auf Augenhöhe?

Fragen mit Mehrwert
All diese Fragen und ähnlich gelagerten Gedanken gilt es zu Beginn der Zusammenarbeit mit dem/der Teampartner*in abzugleichen. Es hat sich herausgestellt, dass diese Gegenüberstellung auch für Paare, die sich aus der Zusammenarbeit auf Mitarbeiterebene schon seit vielen Jahren kennen, einen großen Mehrwert darstellt. Es hilft, gegenseitige Erwartungen zu klären. Denn nur so kann sich prozesshaft herauskristallisieren, welche Aufgaben für wen womöglich besser geeignet sind. Diese erste Präferenz- und Kompetenzanalyse ist überaus wertvoll.

Zusammenarbeit stets weiterentwickeln
Kaum hat sich alles so weit gefunden, gilt es schon wieder, neue Einflüsse im Team oder von außen zu berücksichtigen, wie z. B. neue Teammitglieder, neue Kunden, andere Produkte oder andere strategische Schwerpunkte, die sich auf die Ziele und Aufgaben auswirken. Wenn die Teampartner mit einer offenen, positiven Grundhaltung zusammenarbeiten, werden sie leichter Lösungen finden und sich auf neue Situationen einstellen.

Die persönlichen und fachlichen Kompetenzen sollten beiden Tandempartnern klar und bewusst sein. Sie können sehr ähnlich sein oder sich stark unterscheiden. Wichtig ist, sich

bewusst zu werden, was das jeweils für die Führung des Teams und die Zusammenarbeit insgesamt bedeutet. Um die Persönlichkeitsprofile zu überprüfen beziehungsweise die erhoffte Kompatibilität zu eruieren, empfiehlt es sich, anhand bewährter Diagnostik- und Dialog-Tools den persönlichen Denkstil und das sich daraus ergebende Verhalten zu ermitteln.

2.2 Review, Reflexion, regelmäßige Evaluation

Wie bereits erklärt, besteht wegen der erhöhten Abwesenheit beziehungsweise geringeren Anwesenheit/Arbeitszeit der Tandempartner*innen ein verstärkter Kommunikationsaufwand für Übergabe und Update. Schließlich passiert in der Zeit der Abwesenheit immer einiges. Dabei gilt es, Aufgaben und Notwendigkeiten entsprechend zu priorisieren und kommunikativ zu komprimieren. Alles, was nicht Top-Prio ist, muss daraufhin überprüft werden, ob es weiterverfolgt werden soll. Teilzeitkräfte müssen noch stärker auf den Punkt kommen als Vollzeitkräfte – anders funktioniert es nicht.

Leitfragen für Reviews

In den ersten acht bis zehn Wochen empfehlen sich hierzu zweimal wöchentlich Reviews mit kurzen Checkfragen, um einen guten Start sicherzustellen. Grundsätzlich geht es bei den Reviews vor allem um die folgenden Fragen:

- Wie klappt die Aufgabenaufteilung?
- Tun wir Dinge doppelt?
- Erfüllen wir manche Aufgaben gar nicht?
- Nehmen wir getrennt oder gemeinsam an den Meetings teil?
- Wie steht es um die Kommunikation gegenüber dem Team, unseren Kunden, unseren Schnittstellen, dem/der Chef*in?
- Wie treffen wir Entscheidungen, sind wir schnell genug, bleibt etwas liegen?
- Wie gelingt es uns, Verzögerungen, Schwachstellen in der Kommunikation oder in der Führung abzustellen?
- Akzeptieren wir die Entscheidungen des/der anderen im jeweils definierten Verantwortungsbereich?
- Schaffen wir es, dem Grundsatz treu zu bleiben: miteinander, nicht übereinander reden?
- Pflegen wir eine absolut transparente Kommunikation? Heben wir die Hand, wenn es Leidensdruck gibt?
- Schaffen wir es, Sachebene und Beziehungsebene im Konflikt zu trennen und nicht persönlich angefasst zu sein, zum Beispiel wenn mal etwas durchrutscht?

Wöchentlicher Routinetermin

Sind die ersten drei Monate mit schnellen Anpassungen überstanden, können die Updates auf ein Mal wöchentlich reduziert werden. Generell braucht es maximale Offenheit und regelmäßiges gemeinsames Reflektieren, auch wenn dafür eigentlich nie Zeit ist – sie muss dennoch investiert werden.

Frage: Wie lässt sich dies konkret im alltäglichen Workflow noch umsetzen?

Antwort: Einige Tandems berichten von einer wöchentlichen Rückmeldung am Montag oder Freitag in Form einer Audio- oder Videonachricht. Diese ist immer gleich aufgebaut:

- *„Das hast du aus meiner Sicht diese Woche super gemacht ...“*
- *„Das könnte ich mir beim nächsten Mal anders vorstellen ...“*
- *„Dafür möchte ich dir diese Woche Danke sagen ... oder darauf freue ich mich mit dir in der nächsten Woche ...“*

Audio- und Video-Nachrichten

Gerade in Zeiten von asynchroner (= zeitlich und räumlich versetzter) Zusammenarbeit stärken regelmäßige Audio- oder Video-Nachrichten das Miteinander. Sie vermitteln über Stimme (Melodie, Betonung) und Gesichtsausdruck Emotionen und stärken darüber das Miteinander, das Vertrauen und die Wertschätzung als Grundlage jeder Zusammenarbeit.

Wesentliche Kernpunkte

Hier habe ich für Sie einige Beispiele für Kernpunkte eines Shared-Leadership-Teams im Vertrieb zusammengestellt:

- Unser gemeinsamer Purpose von Führung: „Wir bringen das Team und die Themen voran. Wir gestalten Fortschritt. Wir entwickeln Menschen.“
- Unser gemeinsames Führungsverständnis: „Wir führen situativ und individuell. Wir lassen so viel Freiraum wie möglich. Wir begleiten stärker, wo wir denken, dass es einen Mehrwert bringt.“

- Grundlage unserer Zusammenarbeit: „Wir vertrauen einander uneingeschränkt. Jeder handelt nach bestem fachlichem und persönlichem Wissen und in bester Absicht."
- Review und Konfliktmanagement: „Wir benennen individuelle und kollektive Schmerzpunkte. Wir führen dazu regelmäßig – anfangs alle zwei Wochen – ein Review zu unserem Tandemmodell durch. Dazu geben wir uns gegenseitig Rückmeldung und holen auch Feedback des Teams ein." – Methode: Start, Stop, Continue.
- Entscheidungen treffen: „Wir sind im offenen Diskurs, am Ende akzeptieren wir die Entscheidung des/der jeweils Verantwortlichen." – Motto: „We agree to disagree."
- Kommunikation: „Wir sprechen mit einer Stimme, offene Themen klären wir direkt miteinander – nicht mit/vor dem Team, nicht mit dem Vorgesetzten."
- Verantwortlichkeiten: „Diese haben wir klar geregelt und an unser Team sowie an alle Stakeholder inklusive Kunden kommuniziert."
- Support: „Wir ermutigen und unterstützen uns gegenseitig."

Vertrauen und Verlässlichkeit als Grundlagen

Gegenseitiges Vertrauen ist eine unabdingbare Voraussetzung, um ein Führungstandem überhaupt an den Start bringen zu können. Das beinhaltet auch den Glauben daran, dass der/die andere nur das Beste für die gemeinsame Führung will. Verlässlichkeit wurde als wesentlicher Faktor für ein funktionierendes Tandempaar vor allem im Zusammenhang mit Erreichbarkeit und Zuverlässigkeit bei der Aufgabenerfüllung genannt. Da ja beide in Teilzeit tätig sind, in der Regel im privaten Umfeld diverse Aufgaben haben und weniger (überschneidende) Arbeitszeit zur Verfügung steht, braucht es eine klare, verbindliche Erledigung der Aufgaben ohne ständige Reminder.

In regelmäßigen Abständen durchgeführte Reviews und (Selbst-)Reflexion sind unabdingbare Instrumente der Evaluation. Hierbei geht es um Aufgabenaufteilung beziehungsweise -erfüllung, Meetingteilnahmen, Kommunikation gegenüber Schnittstellen sowie eventuelle Schwachstellen. Hierfür sind Ehrlichkeit, gegenseitiges Vertrauen und Verlässlichkeit unabdingbare Grundlagen.

2.3 Dysfunktionen im Team – was nun?

Dysfunktionen im Tandemteam sind – zumindest am Anfang, aber auch später – keine Seltenheit. Im Laufe eines gemeinsamen Führungsweges ist es sogar durchaus üblich, dass hin und wieder „Sand im Getriebe“ ist – Sie kennen ja vielleicht den Spruch: „Reibung erzeugt Wärme.“ Sich mit Schwachstellen auseinanderzusetzen, kann also durchaus sichtbar sein.

Die häufigsten Dysfunktionen beziehungsweise Streitpunkte sind aus meiner Erfahrung:

- Positionierung zum/zur Vorgesetzten: Hier möchte jeder gut aussehen und Fehler des anderen nicht an sich kleben haben bzw. nicht für die Fehler des/der anderen schief angeschaut werden.

- Führung des Teams: Dabei sind es nicht die Vision, die Strategie oder Jahresziele, die zu Konflikten führen, es geht um die täglichen operativen Dinge wie Regelung von Erreichbarkeit, Arbeitszeit und Aufgabenverteilung im Team.
- Verantwortungsbereiche und Entscheidungen: Dabei geht es zum einen um die Geschwindigkeit der Entscheidungen, die zu einer Verlangsamung und zu Frust im Team führen kann, und darum, den Verantwortungsbereich und die Entscheidung des/der anderen zu akzeptieren, loszulassen und vor allem dem/der anderen zu vertrauen.

Gemeinsam stark sein

Entscheidend wird sein, dass Sie beide produktiv darauf reagieren und nach Lösungen suchen, die stets sehr individuell sind. Auf keinen Fall dürfen Sie sich durch äußere Umstände, Widrigkeiten oder Neider entzweien lassen, die oft nur auf Reibungen warten, um Sie als Tandem anzugreifen. Verstehen Sie sich wie das gleichberechtigt agierende Trainerteam einer erfolgreichen Sportmannschaft, welches idealerweise Hand in Hand agiert und sich gegenseitig zuarbeitet, z. B. Torwarttrainer, Konditionstrainer, Koordinationstrainer, Taktiktrainer, Mentaltrainer – sie alle brennen für dasselbe Ziel: den unbedingten Erfolg. Diesen erreichen sie aber nur, wenn sie zusammenhalten und sich nicht von Kritikern auseinanderdividieren lassen.

Was sich destruktiv auswirkt

Hier eine kurze Übersicht, welche Punkte sich laut meinen Recherchen für ein Leadership-Tandem kurz- beziehungsweise mittelfristig destruktiv auswirken:

- Die Leader leben die von ihnen postulierten Haltungen und Werte selbst nicht vor.
- Es besteht (latente) Uneinigkeit über den Führungsstil beziehungsweise die Stile widersprechen sich.
- Der eine will den anderen übertrumpfen.
- Einer von beiden tritt zu dominant auf oder will bei unterschiedlichen Ansichten immer recht behalten.
- Einer von beiden trifft einsame Entscheidungen und nimmt den anderen nicht mit ins Boot.
- Einer oder beide versuchen, das Mitarbeiterteam auf seine/ihre Seite zu ziehen, oder man lässt sich von den Mitarbeitenden (unbewusst) beeinflussen.

Es ist schwierig zu sagen, welcher dieser Punkte ein Führungstandem am meisten belastet. Fakt ist, dass es über kurz oder lang zu Problemen kommen wird, wenn sich einer dieser Punkte eingeschlichen hat und dieser nicht zeitnah korrigiert wird. Oberstes Ziel sollte es stets sein, dass beide Partner eine neue gemeinsame Ebene finden.

Destruktiv wirkt sich fast immer aus, wenn Leader die von ihnen postulierten Haltungen und Werte gegenüber dem Team selbst nicht vorleben, wenn kein eindeutiger Führungsstil erkennbar ist oder wenn die Tandempartner von Kollegen oder Mitarbeitenden nicht als loyale Einheit empfunden

werden, weil z. B. einer von beiden dominant auftritt oder einsame Entscheidungen trifft.

2.4 Kommunikation, Kommunikation, Kommunikation

Ein absolutes No-Go – und zugleich ein Offenbarungseid für interne Kommunikationsstrukturen – ist es, wenn zum Beispiel ein Fußballtrainer seine Entlassung aus den Medien erfährt oder aber diese über Dritte kommuniziert wird. Und doch sind solche Kommunikationspannen gar nicht so selten, und das beileibe nicht nur im Sport. Umso verhängnisvoller wird es, wenn derartige Pannen oder Abstimmungsprobleme intern nicht eingestanden werden beziehungsweise keinerlei Reflexion erfolgt.

Ebenso problematisch ist es, wenn hinter dem Rücken über andere gesprochen wird. Wie heißt es so schön: „Was Peter über Paul sagt, sagt mehr über Peter als über Paul." Mit anderen Worten: „Communication is key!" – Diese Erfahrung gilt bei Organisationsveränderungen genauso wie im Change Management, also z. B. auch bei der Einführung eines Shared-Leadership-Modells.

Regelmäßige Update-Meetings

Alle Tandems, mit denen ich sprach, gaben an, dass Kommunikation für sie ein wesentlicher Erfolgsfaktor ist. Meist werden sogenannte „Dailys", „Daily Huddles" oder „Cappuccino-Treffen" als Update für relevante Themen eingesetzt,

z. B. täglich fünf bis zehn Minuten. Die Tandems, die einen hohen Anteil an Aufgaben haben, die sie gemeinsam erledigen, benötigen logischerweise eine engere Abstimmung. Manche Co-Leadership-Paare haben sich nicht nach Aufgabengebieten aufgeteilt. Sie wechseln vielmehr bei der Teilnahme der Meetings und der 1:1-Gespräche in einem rotierenden System, meist im Wochenrhythmus, ab, um für sich sicherzustellen, dass beide den gleichen Überblick haben und beide zu allen Themen mitreden können.

„Meeting Minutes“ schreiben

Hier empfiehlt es sich, zur Übergabe sogenannte „Meeting Minutes“ zu schreiben, die den/die jeweils andere*n, neben dem vorliegenden Meeting-Protokoll, mit allen Informationen wie Zwischentönen, eigener Meinung, Argumentationsketten etc. versorgen. Die Aufzeichnungen können z. B. in GoodNotes, OneNote oder Teams als geschriebenes Dokument oder als Audio hinterlegt werden.

In kleineren Organisationen ohne entsprechende Infrastruktur erfolgt ein solcher Austausch auch über eine eigene WhatsApp- oder Signal-Gruppe. Natürlich verpflichtet sich jede*r, die Austauschportale regelmäßig zu pflegen. Wenn Infos zum Meetingstart fehlen, ist das nicht nur inhaltlich ärgerlich, sondern es schwächt das Tandem, die Abteilung und natürlich das Modell an sich. Es gilt, immer wieder aufs Neue zu beweisen, dass ein effektives Arbeiten im Leadership-Tandem möglich ist. In strategisch wichtigen Meetings dürfen Leadership-Paare übrigens häufiger auch mal zu zweit auftreten.

Kommunikation als Dialog

Kommunikation ist nicht Frontbeschallung und Monolog von oben beziehungsweise Ansage von vorn, sondern ein (im Ergebnis) offener Dialog mit allen Betroffenen – und zwar über den gesamten Zeitraum hinweg. Oft herrscht die Annahme vor: „Wir haben längst alles gesagt. Allen muss klar sein, wie die Zielsetzung ist und wie ab sofort die Zusammenarbeit funktioniert." Das trifft jedoch keineswegs immer zu, denn häufig hat gar kein wirklicher Dialog stattgefunden. Vielleicht hat man tatsächlich miteinander gesprochen, doch es gab keine echte Plattform, um sich über Bedenken, Ängste, Sorgen oder auch Unklarheiten auszutauschen.

Küchengespräche

Nicht jeder ist ein Freund der großen Bühne und stellt seine Fragen gerne vor versammelter Mannschaft. Und so schlummern unter der Oberfläche nicht selten Unsicherheiten, die im Anschluss an die offizielle „Info-Veranstaltung" in der Küche inoffiziell (weiter) diskutiert werden und in anderen Kommunikationsformaten in Kleingruppen oder 1:1-Gesprächen fortgeführt werden müssen.

Tipp: Neben dem eigenen Team gehen alle erforderlichen Infos an Schnittstellenabteilungen, an Peers und natürlich an Dienstleister und Kunden. Dies beinhaltet zum einen die praktischen Informationen über Erreichbarkeit und Organisationsaufstellung mit Ansprechpartnern, zum anderen vor allem den Mehrwert und die Attraktivität für die Stakeholder. Erstellen Sie noch heute Ihren Kommunikationsplan mit den fünf Ws:

Wer?	Was?	Zu wem?	Wann?	Wie?
Tandem	Aufgabenverteilung im Zweier-Führungsteam	Erweiterter GF-Kreis	Nächstes GF-Meeting	Mündlich vortragen und Orga-Chart wird dem Protokoll hinzugefügt

Wie in dieser Tabelle zu sehen, informiert z. B. das Tandem (= Wer?) über die Aufgabenaufteilung (= Was?) im nächsten Geschäftsführer-Meeting (= Wann?) den erweiterten GF-Kreis (= zu wem?) mündlich (= Wie?) mit dem Org-Chart, das dem Meetingprotokoll hinzugefügt wird (= Wie?).

Hier ein alternatives Beispiel:

Wer?	Was?	Zu wem?	Wann?	Wie?
Tandem	Aufteilung der Kunden	Marketing, Vertrieb	bis 30.4.	Per Mail und mündlich bei Kundenveranstaltung (in Begrüßung und bilateralen Gesprächen)

Im zweiten Beispiel informiert das Tandem (= Wer?) die Schnittstellenbereiche Marketing und Vertrieb (= zu wem?) bis zum 30.4. (= Wann?) über die neue Aufteilung der Kundenstruktur (= Was?) per Mail und mündlich bei der Kundenveranstaltung in der Begrüßungsansprache und in bilateralen Gesprächen (= Wie?).

Arbeiten und leben Sie als Führungstandem nach dem Motto: „Communication is key!“ Konkret heißt das: Bleiben Sie im ständigen Austausch, schreiben Sie „Meeting Minutes“ und beweisen Sie immer wieder aufs Neue, dass ein effektives Arbeiten im Leadership-Tandem möglich ist. Achten Sie auf ausreichend praktische Informationen zu Erreichbarkeit und Organisationsaufstellung – am besten erstellen Sie einen klaren Kommunikationsplan mit den fünf Ws: Wer? Was? Zu wem? Wann? Wie?

2.5 Wieso klappt es bei uns nicht wie geplant?

Trotz aller Vorbereitung, trotz aller Anstrengung, trotz aller guten Pläne – die Realisierung eines Shared-Leadership-Modells kann auch scheitern. Die folgende Auflistung kann Sie bei der Ursachenforschung unterstützen, wenn Sie sich mit der Umsetzung schwertun oder sich in einer Problemschleife wiederfinden.

- Die eigene Karriere steht zu sehr im Fokus. Wer sich selbst und die eigenen Leistungen gerne viel und oft im Unternehmen zeigen möchte, wird mit Geteilter Führung und damit auch dem Aufteilen von Visibilität meist nicht glücklich.
- Das Modell „Geteilte Führung“ ist – aus welchem Grunde auch immer – nicht vereinbar mit der Unternehmenskultur, z. B. weil unausgesprochen Präsenz erwartet wird.

Nach dem Motto: „Nur wer sichtbar ist, arbeitet“, also Präsenzkultur statt Ergebniskultur.

- Die Chemie stimmt an irgendeinem Punkt nicht, z. B. passen die beiden Tandempartner*innen persönlich, fachlich oder vom Führungsverständnis her nicht zusammen.

Damit eine Tandem-Doppelspitze funktionieren kann, bedarf es neben struktureller Voraussetzungen, fachlicher Kompetenzen sowie gegenseitigem Vertrauen vor allem auch folgender Soft Skills beider Partner:

- Fähigkeit und Bereitschaft zu regelmäßiger ehrlicher (Selbst-) Reflexion
- Kenntnisse in Konfliktmanagement und eigene Konfliktfähigkeit
- Proaktives Thematisieren von Unwuchten und aufeinander Zugehen – Motto: Ansprechen statt Aussitzen
- Akzeptieren und Wertschätzen der Stärken des Partners
- Sich selbst auch mal zurücknehmen können
- Fähigkeit zum „aktiven Zuhören“ – Motto: „Stop talking, start listening“!
- Hohe Kommunikationsfähigkeit und -bereitschaft

Welche Vorteile ergeben sich für die Mitarbeitenden?

Seite 68

Wie kann man Mitarbeitende direkt beteiligen?

Seite 69

Warum sind iterative Schleifen und Feedback so wichtig?

Seite 72

3. Der Mehrwert für Mitarbeitende – Haltungen, Kompetenzen, Beziehungen

„Wow, du hast jetzt zwei Chefs, das stelle ich mir sehr stressig vor, da bekommst du ja von zwei Seiten die Arbeit auf den Tisch."

Oder: *„Zwei Chefinnen, perfekt! Da kannst du der einen immer sagen, die andere hat es schon entschieden … und am Ende machst du dein eigenes Ding. Cool."*

Wenn Mitarbeitende anderen vom Shared-Leadership-Modell in ihrer Firma berichten, sind sie häufig mit Reaktionen konfrontiert, die so oder so ähnlich klingen. Und obwohl diese meist unreflektiert geäußerten Statements natürlich mit einem Augenzwinkern erfolgen, so liegt genau darin der Hase im Pfeffer. In Unternehmen, aber auch außerhalb (bei Kunden, im privaten Umfeld) existieren oftmals vage, recht individuelle oder auch schräge Vorstellungen über ein Modell, in dem sich zwei Führungskräfte eine Funktion teilen. Hier gilt es, Aufklärungsarbeit zu leisten und vor allem durch Leistung zu überzeugen – anders geht es nicht.

3.1 Was ändert sich für Mitarbeitende?

Unser Gehirn funktioniert so, dass es sich aus Erfahrungen speist und bekannte Muster mit der Realität abgleicht. Trifft es auf Unbekanntes und misslingt der Versuch des Einsortierens, führt das zu einem Versuch, das Unbekannte zu erklären und einen Platz dafür zu finden. Das wiederum geschieht eher mit Kritik und Ablehnung dem Unbekannten gegenüber als mit Befürwortung und Akzeptanz. Nichts anderes geschieht beim Shared Leadership. Je nachdem, wie Geteilte Führung konkret gelebt wird, trifft der Kollege mit seiner flapsigen Bemerkung womöglich genau ins Schwarze. Dass es in der klassischen Vollzeit-1-Mann/1-Frau-Führung natürlich genauso Schwachstellen gibt, ist in dem Moment unwichtig, denn dabei handelt es sich ja um das bekannte, bereits einsortierte Modell, dessen Schwächen über Jahrzehnte gelernt wurden und quasi akzeptiert sind.

Schonhaltung bei Mitarbeitenden

Natürlich gehen wir immer davon aus, dass Mitarbeitende idealerweise intrinsisch motiviert sind und nur das Beste für ihr Unternehmen möchten. In der Realität zeigt sich jedoch auch, dass jede*r eine möglichst günstige Position für sich selbst anstrebt, also ein friedliches, entspanntes Arbeitsleben mit möglichst wenig Reibungspunkten und einem übersichtlichen Stresslevel. Die Gallup-Studie spricht hier von freizeitorientierter Schonhaltung bei 60 bis 70 Prozent der Beschäftigten, die in einer immer komplexer und schneller werdenden Welt durchaus ihre Berechtigung hat.* In diesem Umfeld ist es verlockend, bei zwei Chef*innen keine nach einer Entscheidung zu fragen, sondern einfach selbst zu machen – wohl wissend, dass zu diesem Thema eine Rücksprache durchaus sinnvoll gewesen wäre, jedoch einen zeitlichen Aufwand und womöglich „Austausch" (= Diskussion, Für-und-Wider-Analyse) mit sich gebracht hätte. Auch ist die Verlockung groß, eine bestimmte Aufgabe mit der Begründung abzulehnen, von der anderen Chefin „schon so viel auf dem Tisch zu haben".

Das Mama-Papa-Prinzip

Ein weiteres Phänomen ist das sogenannte Mama-Papa-Phänomen, welches bedeutet, dass Mitarbeitende bei Fragen immer jene*n Chef*in kontaktieren, der/die im Zweifel eher wohlwollend und gemäß der eigenen Auffassung entscheidet – ein Verhalten, was auch in Familien zu beobachten ist. Die Eltern werden liebend gern von ihren Sprösslingen gegeneinander ausgespielt. Je schlechter abgestimmt das Leadership-Team ist, desto besser funktioniert diese Masche. Auf diese Weise kann sich leicht Intransparenz und Willkür bei Entscheidungsprozessen einschleichen und ein Gefühl von Unsicherheit und Ratlosigkeit hinterlassen. Die vereinbarten Werte – häufig sind das Offenheit, Wertschätzung, Loyalität, Verlässlichkeit – geraten so unbewusst in Vergessenheit.

---

* Bericht zum Engagement Index Deutschland 2022, auf: https://www.gallup.com/de/472028/bericht-zum-engagement-index-deutschland.aspx

Folgen fehlender Wertschätzung

Noch tragischer wird es, wenn diejenigen, die sich vorbildlich verhalten, also ein Klima der Abstimmung und Transparenz pflegen, nicht gesehen und womöglich nicht für nächste Entwicklungsschritte vorgesehen werden. Schlimmstenfalls verlassen sie womöglich sogar das Team oder das Unternehmen, weil sie sich wenig wertgeschätzt und unfair behandelt fühlen. Die Signalwirkung verursacht also einen erheblichen Schaden.

Nachteile durch weniger Arbeitszeit

Wir müssen nichts beschönigen: Geteilte Führung bedeutet immer einen Stretch für das Team. Hinzu kommt, dass Zeit einen limitierenden Faktor darstellt. Das entspannte gemeinsame Mittagessen oder das gemütliche Feierabendbier fallen mit einer eng getakteten Teilzeitführungskraft womöglich eher weg.

Starke Pluspunkte

Es gibt aber auch viele Vorteile für Mitarbeitende: Ein klarer Pluspunkt ist sicherlich die Bandbreite an Führungsqualität. Jeder hat bekanntlich unterschiedliche Stärken in der Führung; während der eine besser strukturiert und analysiert, zeigt die andere Fähigkeiten in Empathie und Kommunikation. Der Mitarbeitende erhält fachlichen Input von zwei Führungskräften mit meist reichem Erfahrungsschatz.

Auch für die persönliche Entwicklung erhält man doppeltes Feedback, was letztlich nur von Vorteil sein kann. Mitarbeiter*innen von Tandempaaren berichten von einer eigenen steilen Lernkurve, sprich: Kompetenzerweiterung, die sich automatisch aus den unterschiedlichen Anregungen von zwei Chefs ergibt. Dadurch, dass sich Tandems in Urlaubszeiten prima vertreten können, hat das Team durchgängig eine*n Ansprechpartner*in und im Team muss niemand die Zusatzaufgabe in Vertretung übernehmen.

Geteilte Führung bedeutet für Mitarbeitende erst mal eine Umstellung. Allerdings können sie in ihrer persönlichen Entwicklung durch zweifachen fachlichen Input und doppeltes Feedback stark profitieren. Ist das Tandemteam jedoch schlecht aufeinander eingespielt, werden die Partner von Mitarbeitenden gerne gegeneinander ausgespielt. Die Folgen: Intransparenz und Willkür bei Entscheidungsprozessen sowie chronische Verunsicherung und Frustration.

3.2 Change fürs Team: Mitarbeitende direkt beteiligen!

Bereits an anderer Stelle habe ich ausgeführt, wie wichtig es bei einem Change ist, von Anfang an alle Beteiligten (in diesem Fall die Mitarbeitenden!) mitzunehmen beziehungsweise möglichst konkret zu beteiligen. Denn nur so wird ein Bewusstsein dafür geschaffen, dass alle im gleichen Boot sitzen und jeder in seinem Bereich Verantwortung für das große Ganze trägt und auch gewünscht ist, diese zu übernehmen. Und nur so kann das Commitment möglichst vieler gelingen, welches letztlich Voraussetzung für das Gelingen des gesamten Veränderungsprozesses ist. Folgende Fragen können helfen:

- Was sind die Erwartungen unseres Teams und wie erfahren wir davon?
- Wie kommunizieren wir unser Modell?
- Wie binden wir das Team in unseren täglichen Workflow und in unsere Entscheidungen ein?
- Wie schaffen wir psychologische Sicherheit fürs Team?
- Gibt es eine Plattform, um gezielt Themen anzusprechen?
- Wie stellen wir eine kurzfristige Erreichbarkeit bei Rückfragen sicher?

Vorbildfunktion erfüllen

Allgemein gilt für beide Partner*innen des Führungstandems, dass sie stets Vorbild sein und die von ihnen geforderte Haltung beziehungsweise ihre Werte vorleben müssen. In puncto Verbindlichkeit und Zuverlässigkeit wäre es beispielsweise eine Möglichkeit, den Mitarbeitenden zu sagen: „Ich werde versuchen, auf eure Mails innerhalb von zwölf Stunden zu antworten." Oder auch: „Du kannst mich jederzeit bei einem Problem ansprechen. Mein Handy ist immer bis 22.00 Uhr an." So schaffen Sie Vertrauen und Verbindlichkeit – und natürlich sollten Sie sich auch daran halten.

Workshop-Format „Mitarbeitende einbeziehen!"

Hierzu passt folgendes Halbtags-Workshopformat (4h), das ich bereits bei mehreren Unternehmen abgehalten habe. Ziele des Workshops sind:

- Nähe schaffen, Attraktivität des Modells darstellen
- Raum geben, eventuelle Bedenken anzusprechen
- Mitarbeitende einbeziehen
- Akzeptanz und Commitment schaffen
- Positives Bild der Zusammenarbeit vermitteln und motivieren

Der Ablauf ist folgendermaßen:

A) Intro: Der/Die direkte Vorgesetzte des Führungstandems eröffnet den Workshop und gibt einen Rahmen sowie ein persönliches Statement, z. B.: „Ich freue mich, dass eure beiden Führungskräfte ein für sie passendes Modell gefunden haben. Ich sehe viele Vorteile für Führungsteams und für Mitarbeiter*innen in dieser Art der Führung. Als Unternehmen stellen wir uns damit gerne auch den Bedürfnissen des Arbeitsmarktes. Mein großer Wunsch ist, dass wir alle davon profitieren. Deshalb ist es prima, dass ihr euch heute die Zeit nehmt, das Modell vorzustellen und es mit eurem Team zu diskutieren."

B) Beide Tandempartner stellen z. B. mittels PowerPoint-Präsentation **ihr Modell vor**. Beendet wird dieser Teil mit Gruppenarbeiten, wo es z. B. um folgende Themen geht: „Welche Fragen habt ihr? Welche Herausforderungen seht ihr? Welche Chancen seht ihr? Wie denkt ihr darüber?"

In Breakout-Sessions wird Gelegenheit gegeben, alle Fragen zu diskutieren und entsprechend zu dokumentieren – anschließend präsentieren die Kleingruppen ihre Ergebnisse im Plenum. Wichtig: Inputs aufnehmen, gegebenenfalls Anpassungen vornehmen und entsprechend kommunizieren!

C) Ausblick und nächste Schritte: Ankündigen von Reviews nach drei Monaten, Start des Leadership-Modells.

Psychologische Sicherheit ist für Mitarbeitende grundsätzlich das A und O. Daher ist es unverzichtbar, alle Beteiligten mitzunehmen beziehungsweise konkret zu beteiligen – das schafft ein Bewusstsein dafür, dass jeder in seinem Bereich Verantwortung für das große Ganze trägt. Wichtig: Seien Sie möglichst nah an Ihrem Team dran und stehen Sie jederzeit als interessierte*r Ansprechpartner*in sowie für Feedback zur Verfügung – so werden letztendlich beide Seiten profitieren.

3.3 Iterative Schleifen – ständiges Feedback

„Stillstand ist Rückschritt." Wir leben in lernenden Organisationen, daher sind regelmäßige Reviews auch mit den Mitarbeiter*innen, und zwar mindestens halbjährlich, obligatorisch – planen Sie hierfür etwa drei Stunden ein. Dabei geht es um folgende Punkte (Prework!):

- Was läuft gut, bezogen auf das Führungsmodell?
- Was sind aktuelle Schmerzpunkte und was sind meine konkreten Vorschläge?
- Das wünsche ich mir/wünschen wir uns voneinander?
- Was haben wir im letzten halben Jahr gelernt?

Routinemäßiger Ablauf

Der Ablauf ist stets gleich, alle können sich darauf einstellen und sollten sich darauf vorbereiten, das regt schon vorher die Reflexion an und spart im konkreten Review Zeit. All diese Punkte sollten schriftlich fixiert und regelmäßig reflektiert und evaluiert werden. Bei akuten Problemen sind natürlich auch kurzfristigere Review-Meetings und – bei Bedarf – Konfliktlösungsmeetings nötig.

Feedback aktiv einholen

Besonders am Anfang der Change-Phase, wenn sich alle noch „eingrooven", ist es unverzichtbar, dass Sie sich mit den Stakeholdern, also Mitarbeitenden, Peers, Kunden und Vorgesetzten, in engem Austausch befinden. Das schließt auch ein, dass Sie deren Ideen, Wünsche und möglichen Verbesserungsvorschläge ernst nehmen und gegebenenfalls bereit sind, eventuell nötige Anpassungen kurzfristig vorzunehmen beziehungsweise (zumindest ein Mal) auszuprobieren.

Beispiel

Ein Team mit vier kleineren Einheiten zu jeweils drei bis vier Mitarbeitenden hatte sich gewünscht, dass sich die beiden Führungspartner fachlich besser im Aufgabengebiet des jeweils anderen auskennen sollten. Dahinter steckten zwei Motivationen: 1. Der Wunsch nach mehr beziehungsweise besserem Input von zwei Führungskräften und 2. der Wunsch, rascher zu Entscheidungen zu kommen, ohne sich erst lange mit dem Tandempartner abstimmen zu müssen. Die Leader entschieden sich daraufhin zu folgendem Experiment: Sie führten die beiden kleinen Einheiten des jeweils anderen fachlich, die disziplinarische Führung blieb unverändert.

Individuelle Modelle

Im ersten Moment mag dieser Versuch abenteuerlich erscheinen und den Regeln der klassischen Organisationsaufstellung widersprechen, ein kontinuierlicher Retro-Prozess wird jedoch offenbaren, ob dies eine tragfähige Lösung ist. Alternativ haben andere Tandems für sich entschieden, zu welchen Entscheidungen sie sich zwingend abstimmen wollen und welche Entscheidungen individuell getroffen werden können.

Ebenso interessant: Die Peers sahen hingegen kein Problem im Thema „Entscheidungen treffen“, sondern hatten ein komplett anderes Feedback für das Leadership-Team „Vertrieb“ parat, nämlich: Durch die Teilnahme von zwei Personen am Führungsmeeting wurden diese als „Übermacht“ empfunden, die sich zum einen in der rein physischen Anwesenheit, zum anderen auch im Redeanteil bemerkbar machte ... sodass den Vertriebsthemen ein höherer zeitlicher Anteil zukam als anderen Themen. So wurde der Wunsch geäußert, die Meetingteilnahme für die Parität auf einen Tandempartner zu reduzieren. Dieser Punkt war auch für den Vorgesetzten wichtig, allerdings aus einer anderen Perspektive: in Bezug auf die Effizienz bei der Meetingteilnahme, also Aufteilung auf die unterschiedlichen, regelmäßigen (wöchentlichen/monatlichen) Meetings, und bei der effizienten Übergabe/Weitergabe der Informationen/Ergebnisse.

Die Meetingteilnahme ergibt sich in der Regel automatisch aus den inhaltlichen Schwerpunkten. Das Gleiche gilt für die Mail-Kommunikation. Hier geht die Chefin davon aus, dass sich die Tandempartner so synchronisieren, dass jeder von ihnen über alle nötigen Infos verfügt.

Durch das geteilte Führungsmodell ergeben sich mehrere Vorteile für Mitarbeitende.

- Zum einen profitieren diese durch die Bandbreite an Führungsqualität, indem sie fachlichen Input von zwei Führungskräften erhalten. Zum anderen erhalten sie doppeltes Feedback. Verkörpern Sie als Führungskraft die Attraktivität des Modells und vermitteln Sie ein positives Bild Ihrer Zusammenarbeit, geben Sie aber auch ausreichend Raum, Wünsche und Bedenken anzusprechen.
- Planen Sie mindestens halbjährliche Reviews mit den Mitarbeitenden, achten Sie auf iterative Schleifen und holen Sie proaktiv Feedback ein – halten Sie die Ergebnisse dieser Gespräche schriftlich fest.

4. Anleitung zur Einführung: Mit der 7-Punkte-Checkliste durchstarten!

In diesem Schlusskapitel will ich anhand zweier Fallbeispiele aus meiner Moderationspraxis das Misslingen beziehungsweise erfolgreiche Gelingen geteilter Führungsmodelle darstellen und analysieren. Wo lassen sich, im Nachhinein betrachtet, Knackpunkte im Positiven wie im Negativen ausmachen? Ist es überhaupt zielführend, sich an Vorbildern oder Beispielen zu orientieren? Und welche Dos and Don'ts sind daraus ableitbar, wenn eine Organisation plant, eine Führungsfunktion auf gleichberechtigte Schultern zu verteilen?

Begeben wir uns gemeinsam nochmals auf die Suche nach persönlichen Basic Points, damit Sie und Ihre Firma in einem Win-win von diesem zukunftsträchtigen Führungsmodell profitieren können.

4.1 Learnings aus Praxisbeispielen

Beispiel 1

„Meine Tandempartnerin solidarisiert sich mit unserem Team gegen mich und will von allen geliebt werden."

In einem Industrieunternehmen wurde ich zu einer Mediation in eine Personalabteilung gerufen. Was war passiert?

Zwei Teamleiterinnen (mit einem beziehungsweise zwei Kindern) waren über die gemeinsame Führungsaufgabe in Konflikt geraten. Der Vorwurf lautete: „Statt mich zu unterstützen, hetzt meine Tandempartnerin das Team gegen mich auf!“

Problem: Illoyalität

Wie sich herausstellte, hatte sich die eine Führungskraft über (aus ihrer Sicht) noch dringend zu erledigende Aufgaben ihrer Tandempartnerin geärgert und hierüber Mitarbeiter*innen aus dem gemeinsamem Team in Kenntnis gesetzt. Die Teammitglieder nahmen die wütenden Vorwürfe als willkommenen Anlass, sich über weitere noch nicht erledigte To-dos zu beschweren und in Abwesenheit der Beschuldigten in die Vorwurfsorgie einzustimmen. Als die betroffene Teamleiterin von einer ihr nahestehenden Mitarbeiterin über die Gespräche an ihrem freien Nachmittag informiert wurde, war sie sehr betroffen über das – aus ihrer Sicht illoyale – Verhalten ihrer Tandempartnerin. Sie konfrontierte sie damit und warf ihr vor: „Statt mich zu unterstützen, hetzt du das Team gegen mich auf!“

Verletzungen offenbaren

Die Situation eskalierte und endete in einem von mir als Mediatorin moderierten Gespräch. Die Verletzungen saßen tief. Die beiden hatten bereits ein ganzes Jahr den gegenseitigen Ärger mit sich herumgetragen und in sich hineingefressen. In den moderierten Gesprächen stellte sich heraus, dass das Verhältnis durch gegenseitige Unterstellungen toxisch aufgeladen und das Vertrauen zerrüttet war. Statt einander zuzuhören, sich in die Position der jeweils anderen hineinzuversetzen und an gemeinsamen Teamzielen zu arbeiten, konnten sie sich aus der Problemspirale nicht befreien: „Sie macht ihre Arbeit nicht und lädt alles bei mir ab", „Sie hetzt das Team gegen mich auf!" usw. waren typische Äußerungen.

Zu lange mit externer Moderation gewartet

Sämtliche Impulse in Richtung gemeinsamer Erfolge und möglicher zukünftiger Perspektiven zeigten unter dem Strich wenig Wirkung beziehungsweise gingen ins Leere. Die Beziehung hatte bereits zu stark gelitten beziehungsweise es war mit der externen Moderation zu lange gewartet worden – durch die Vorwürfe und das gegeneinander Ausspielen war die gemeinsame Führungsverantwortung zu sehr belastet gewesen. Im Vorfeld hätte beiden Tandempartnerinnen durch eine Moderation ihr konkretes Verhalten und ihr jeweiliger Anteil am Konflikt professionell gespiegelt werden können. Dann hätten beide die Chance gehabt, mit Begleitung daran zu arbeiten.

Lösung: Die Trennung

Nach ein paar weiteren Monaten löste sich das Tandem auf. Die eine Partnerin stockte ihre Arbeitszeit auf Vollzeit auf und übernahm die komplette Führung des Teams. Die andere arbeitet weiterhin in Teilzeit, jedoch seither mit einem anderen Tandempartner. Sie berichtet, sie haben sich zu Beginn mehr Zeit zum Abgleich von Führungsverständnis,

Kommunikation und persönlichem Kennenlernen genommen.

Beispiel 2

„Ich bin auch außerhalb meiner regulären Arbeitszeit erreichbar, mein Tandempartner hat dann frei."

Alexandra S. (44), Führungskraft mit 80 Prozent Teilzeit, war aufgrund ihres immer mehr gestiegenen Arbeitsvolumens in Überstunden gerutscht und wegen ihrer Familiensituation (zwei schulpflichtige Kinder, Mann berufstätig) zusätzlich in eine private Drucksituation gekommen. Sie benötigte dringend Unterstützung, um ihrer Führungsaufgabe in der Automobilbranche weiterhin gerecht werden zu können.

Simon K. (33), frischgebackener Vater eines Sohnes, wollte aus der Elternzeit in seine alte Abteilung zurückkehren, dort war jedoch für ihn wegen in der Zwischenzeit stattgefundener Umstrukturierungen keine Verwendung mehr. Da der Abteilungsleiter seinen bewährten Leader nicht verlieren wollte, suchte er aktiv nach einer Einsatzmöglichkeit und schlug den beiden ein „Top-Sharing-Modell" vor (so nannte sich die Teilung von Führung in dem Unternehmen) – die zeitlich belastete teilzeitbeschäftigte Mutter und der einstiegsbereite Jungvater sollten ab sofort gemeinsam das Team zum Erfolg führen.

Gute Voraussetzungen

Zunächst war die Teamleiterin noch skeptisch: Würde dieses Modell wirklich die ersehnte Entlastung für sie bringen?

Wie sollte die gemeinsame Führung des Teams in der Praxis funktionieren? Und welche Vorstellungen hatte der potenzielle Führungspartner hinsichtlich Aufgabenteilung und wechselseitiger Verantwortung? Immerhin kannten sich die beiden bereits aus einem mehrmoduligen Führungstraining und waren sich während der Fortbildung auf Anhieb sympathisch gewesen. „Das half mir sehr, mir eine mögliche Zusammenarbeit vorzustellen, weil ich wusste, dass wir ähnliche Vorstellungen haben würden, die sich vereinbaren ließen."

Alle Seiten – Mutter, Vater, Abteilungsleiter – waren zufrieden mit dieser Lösung und wagten den Schritt.

Problem: Unterschiedliche Erreichbarkeit

„Am Anfang war ich nicht wirklich happy", erzählte mir Simon K. im Interview. „Denn ich hatte nur eine 40-Prozent-Stelle und arbeitete zwei halbe Tage und einen ganzen Tag – in meiner freien Zeit wollte ich ganz für meine Familie da sein können. Mein Sohn befand sich in der Eingewöhnungsphase bei der Tagesmutter und meine größere Tochter machte gerade einen Schwimmkurs, was ich beides aktiv begleiten wollte. Im Gegensatz zu mir war es für meine Kollegin völlig selbstverständlich, auch an ihrem freien Tag Mails zu checken, zu beantworten und teilweise sogar zu telefonieren. Rasch merkten wir, dass unser unterschiedlicher Umgang mit Erreichbarkeit sowohl zwischen uns beiden wie auch innerhalb des Teams für Unmut und Verwirrung sorgte und letztlich zu Verunsicherung und Verstimmung führte – ein unguter Zustand für alle Seiten. Dabei hatten wir uns zu Anfang eigentlich das genaue Gegenteil vorgenommen gehabt: psychologische Sicherheit."

Lösung: Akzeptieren anderer Perspektiven

Die Lösung sah folgendermaßen aus: Die Tandempartner diskutierten – ohne Einbeziehung von Abteilungsleiter oder Team – offen ihre unterschiedlichen Auffassungen zum Thema Erreichbarkeit (ein klassisches Kernkonfliktthema!) und fühlten sich in die jeweils andere Sichtweise ein. Das Learning für die Mutter war, die abweichende Philosophie des Kollegen hierzu zu respektieren und gleichzeitig zu akzeptieren, dass nicht immer alles sofort erledigt werden musste und Entscheidungsprozesse dadurch nicht unbedingt schlechter wurden. Die Lösung in diesem Fall hieß schlicht und einfach: loslassen! Der Umgang mit Erreichbarkeit wurde dem Team anschließend kommuniziert.

Gemeinsam Kompromisse finden

Was zeigt uns dieses Beispiel? Erstens: Communication is key! Und zweitens: Das Akzeptieren unterschiedlicher Standpunkte in Bereichen, die nicht kriegsentscheidend sind, ist unverzichtbar! Solange keine Nachteile fürs Team oder das Business daraus entstehen, gibt es keinen Grund, den Tandempartner „auf Linie" zu zwingen – dies hat die Kollegin hier perfekt begriffen. Viel wichtiger war ihr, dass sie in puncto Führungsverständnis harmonierten. Wenn sie jedoch darauf bestanden hätte, dass ihr Tandempartner – ebenso wie sie – in seiner Freizeit Mails beantwortet, damit sie beide einheitlich agieren, wäre die Zusammenarbeit wahrscheinlich daran zerbrochen.

In meiner Moderationstätigkeit gilt für mich als wichtigster Grundsatz: Es gibt nicht die eine pauschale Lösung für alle Themen! Und: Löse alle Probleme, solange sie noch klein sind und keinen großen Schaden angerichtet haben. Ansonsten gehen sie und holen Verstärkung, dann wird eine akzeptable Lösung umso schwieriger und schmerzhafter für alle Seiten.

4.2 Zwingende Dos and Don'ts

In die folgende **7-Punkte-Checkliste** sind meine Learnings aus Interviews mit bewährten Tandempartnern aus verschiedenen Branchen und Firmengrößen eingeflossen – nutzen Sie sie als Inspiration:

1. **Sympathie schlägt Kompetenz!** Der/Die kompetenteste Tandempartner*in nützt nichts, wenn Sie sich nicht sympathisch sind und keinen Spaß bei der Arbeit haben. Wenn Sie sich nicht sympathisch sind, hat es sowieso keinen Sinn.
2. **Haltung schlägt Performance!** Die Leistung kann noch so gut sein – eine positive Haltung zur Zusammenarbeit und zur Bewältigung von Herausforderungen ist jedoch das A und O. Wie heißt es so schön: „Hire for attitude, train for skills."

3. **Kultur schlägt Strategie!** Checken und hinterfragen Sie, ob das Modell vom nächsthöheren Management als Kulturträger akzeptiert wird. Ist dies nicht der Fall, lassen Sie es besser bleiben, es kostet Sie sonst zu viele Nerven.
4. **Gleichschritt schlägt Ehrgeiz!** Es klappt nur mit einem gemeinsamen Verständnis von Führung, von Freiheit und Verpflichtung. Wenn Ihr Führungsverständnis zu unterschiedlich ist, werden Sie zu viel Energie aufwenden müssen.
5. **Langer Atem schlägt Image-Feuerwerk!** Die ersten kleinen Erfolge und die Kommunikation dazu machen das Modell intern und extern bekannt und populär. Jeder weiß auch, dass am Anfang einiges schiefgehen kann und dass sich hinter vermeintlichen Superlativen manchmal eine Image-Kampagne verbirgt. Trommeln Sie gerne, aber nicht zu laut!
6. **Konfliktmanagement schlägt Zieldefinition!** Aktuelle Störungen haben immer Vorrang – es gilt, zuerst die anstehenden Alltagsprobleme zu lösen, bevor die übergeordneten strategischen Zielsetzungen in Angriff genommen werden können. Übernehmen Sie sich gerade am Anfang nicht!
7. **Kommunikation schlägt Teamfokus!** Bei allen Wohlfühlaspekten für das Team – die kontinuierliche Kommunikation, ständiges Feedback und die Bereitschaft zu schnellen Anpassungen dienen dem Modell am meisten. Wer nicht oder zu wenig miteinander redet, hat schon verloren.

Vorbilder und Fallbeispiele können wertvolle Orientierungshilfen sein. Generell gilt: Sympathie, Haltung, Kultur, ein langer Atem und Kommunikation sind zielführender als Ehrgeiz, Strategie, Performance und ein Image-Feuerwerk.

- Bei Unstimmigkeiten oder fachlichen Problemen zwischen den Tandempartnern lautet der Königsweg stets: defensiv vorgehen, eine abweichende Philosophie des Kollegen respektieren und akzeptieren; meist gibt es mehr als nur die eine (eigene) Sichtweise beziehungsweise Lösung.
- Setzen Sie lieber früher als zu spät auf die Expertise einer unabhängigen externen Moderation, die Ihnen beide Seiten spiegeln und mit Ihnen gemeinsam an einer Lösung arbeiten kann.

Resümee und Ausblick: Geteilte Führung 2030

Die Arbeitswelt wird in Zukunft deutlich bunter und mutiger werden. Mitarbeitende werden sich – viel mehr als aktuell – mit ihren individuellen Kompetenzen sowie ihren inhaltlichen wie zeitlichen Wünschen einbringen wollen und auch dürfen. Shared Leadership ist die praktisch-pragmatische Antwort auf die Anforderungen von Arbeitgeber*innen und Arbeitnehmer*innen darauf.

Shared Leadership wird in der Zukunft einen echten Stellenwert bekommen. Es wird für viele nachfolgende Führungskräfte zu einem Lebens- und Arbeitsmodell. Es ist die Antwort auf die stärker werdende omnipräsente Fragestellung nach der Vereinbarkeit von Familie und Beruf. Führung wird mit Führungstandems produktiver und verfügbarer. Sofern die Rahmenbedingungen stimmen, sie fachlich wie persönlich matchen, miteinander kommunizieren und keine gravierenden Fehler gemacht werden, wie ich sie unter „Fallstricke" beschrieben habe, gibt es unter dem Strich nur Gewinner. Entscheidend ist jedoch stets die interne Akzeptanz im Unternehmen.

Fassen wir zusammen, wodurch diese größere Produktivität zustande kommt:

- Führungstandems sind belastbarer. Denn beide Leader haben über die Woche verteilt echte mentale Ruhephasen, nämlich während die andere Tandemhälfte „im Lead“, also „auf Schicht“, ist.

- Die jeweils vorherrschende Unternehmenskultur ist entscheidend für den Erfolg. Eine konstruktiv-offene Unternehmenskultur ist absolut erfolgskritisch.
- Nicht zu unterschätzen ist auch der Synergieeffekt durch die kollektive Intelligenz, sprich: Beide Seiten leisten zusammen de facto mehr als „nur“ ihre Summe.
- Spür- und messbar wird die gesteigerte Produktivität bei der besseren Qualität von Entscheidungen beziehungsweise Endprodukten, weil eben zwei Personen konkurrenzlos im permanenten Sparring mit unterschiedlichen Ressourcen und Perspektiven über dieselben Themen nachdenken konnten (auch wenn Entscheidungen manchmal vielleicht etwas länger dauern).
- Und schließlich sind Tandems verfügbarer als Einzelpersonen, z. B. bei Urlaub oder Krankheit einer Führungshälfte.

Man muss kein Prophet sein, um festzustellen, dass Führungstandems in Zukunft deutlich zunehmen werden, denn sie sind ein klasse Karrierekatalysator, und zwar aus folgenden Gründen:

- Führungskräfteentwicklung: Tandems fungieren als Karrierebeschleuniger, weil beide Partner*innen sich gegenseitig motivieren.
- Talentförderung: Nimmt man die interne Talente-Pipeline in den Blick, kommen insgesamt mehr Personen infrage, auch Teilzeitkräfte.

- Wissenstransfer/Upskilling: Beide Partner*innen profitieren persönlich und fachlich voneinander.
- Diversität: Heterogene Teams performen besser als homogene.
- Kulturwandel: Tandems unterstützen den Wandel hin zu einer kollaborativen Arbeits- und Führungskultur.

Ich bin überzeugt, dass wir in 2030 mit großer Gelassenheit auf ein Shared-Leadership-Modell schauen werden, welches in der Arbeitswelt und auch in der Gesellschaft angekommen sein wird. Ein Modell, von dessen Mehrwert insbesondere diejenigen Unternehmen profitieren werden, die mutig genug waren, rechtzeitig neu und anders zu denken und ihre Führungs- und Zusammenarbeitskultur den Bedürfnissen der Arbeitsgenerationen des 21. Jahrhunderts anzupassen. Jener Generation, die zum einen ihren Beitrag in der Arbeitswelt leisten möchte und gleichzeitig für sich erkannt hat, dass Lebensqualität mit Zeitautonomie, Me-Time und persönlichem Energiehaushalt zu tun hat. Also einer Generation, die das umsetzt, was Experten schon seit Längerem predigen: achtsam mit sich sein und eine Arbeitsumgebung in psychologischer Sicherheit zu schaffen. In einer Arbeitswelt rasanter, unüberschaubarer Veränderungen wird Geteilte Führung neben Führungsstabilität und Führungsqualität der entscheidende Vorteil im Wettbewerb sein.

Es werden Firmen von Shared Leadership profitieren und langfristig Talente finden und binden, die nicht an patriarchalischen Kulturmodellen festhalten. In der Arbeitswelt der Zukunft wird viel mehr möglich sein, als wir heute denken. Darauf freue ich mich!

Fast Reader

1. Führen mit gleichberechtigten Leadern – so funktioniert's!

Die bei Unternehmen immer noch häufig anzutreffende Zurückhaltung zu geteilten Führungsmodellen ist letztlich durch nichts zu rechtfertigen, denn der Mehrwert ist im aktuellen und zukünftigen Arbeitsmarkt beträchtlich und lässt sich in mehreren erfolgskritischen Bereichen verorten. Die größten Pluspunkte sind:

- Ausgleichen von Fachkräftemangel in Führungsfunktionen
- Bindung von Talenten und engagierten Mitarbeitenden zur Vermeidung von Fluktuation
- Steigerung der Arbeitgeberattraktivität
- Stabiler – und diverser – aufgestellte heterogene Teams, die für bessere Resultate stehen

Wichtigste Voraussetzung für eine gelingende Implementierung ist, dass bereits in der Planungsphase vorausschauend die Rahmenbedingungen gesetzt werden – im Einzelnen heißt dies:

- Die Geschäftsführung trägt das neue Führungsmodell ohne Wenn und Aber mit, idealerweise hat sie es sogar selbst (mit) iniitiert.
- Strukturelle Gegebenheiten (z. B. IT, Unternehmenskultur, Tools) werden „passend gemacht".

- Führungsverständnis und -umfang der Tandempartner*innen werden vorab abgeglichen.
- Potenzielle Fallstricke und mögliche Hindernisse werden frühzeitig identifiziert und eliminiert.

2. Die Tandem-Doppelspitze – Haltungen, Kompetenzen, Beziehungen

Idealerweise ergänzen sich die beiden Tandempartner in ihren fachlichen und persönlichen Kompetenzen. Zwischen beide darf kein Blatt passen.

- Als Persönlichkeits-Check eignen sich bewährte Diagnostik- und Dialog-Tools wie beispielsweise das HBDI®-Modell, das DISG®-Modell, das Egogramm oder das MBTI®-Modell von Katharine Cook Briggs und Isabel Myers.
- Ein wesentliches Evaluationsinstrument sind regelmäßig durchgeführte Reviews. Hierbei geht es unter anderem um Aufgabenaufteilung beziehungsweise -erfüllung, Kommunikation gegenüber Schnittstellen sowie eventuelle Schwachstellen.
- Der mit Abstand wichtigste Erfolgsfaktor für Geteilte Führung ist jedoch professionelle, zielgerichtete Kommunikation intern und extern!
- Das Kommunikationskonzept umfasst folgende Punkte: Permanenter Austausch untereinander, z. B. durch „Meeting Minutes“ – praktische Informationen zu Erreichbarkeit und Organisationsaufstellung – Kommunikationspläne mit den fünf Ws: Wer? Was? Zu wem? Wann? Wie?

3. Der Mehrwert für Mitarbeitende – Haltungen, Kompetenzen, Beziehungen

Der Hauptmehrwert für das mitarbeitende Team besteht in dem Zugriff auf doppelte Kompetenzen durch Führungskräfte. Unverzichtbar ist, dass Beteiligte von Anfang an mitgenommen und möglichst konkret beteiligt werden. So wird das Bewusstsein dafür geschärft, dass jeder in seinem Bereich Verantwortung für das große Ganze trägt und sich dieser auch stellt.

- Achten Sie auf einen regelmäßigen Austausch mit entsprechenden Kommunikationstools und seien Sie als Tandemvorgesetzte*r offen für Bedenken, Kritik und Wünsche! Wichtig: Seien Sie sich Ihrer Vorbildfunktion bewusst und bleiben Sie möglichst nah an Ihren Mitarbeitenden dran.
- Signalisieren Sie, dass Sie jederzeit als interessierter Ansprechpartner zur Verfügung stehen – Sie wissen ja: Der psychologische Vertrag entscheidet.

4. Anleitung zur Einführung: Mit der 7-Punkte-Checkliste durchstarten!

Wenn Führungsfunktionen auf mehrere Schultern verteilt werden sollen, gibt es eine ganze Menge Dos and Don'ts zu beachten – hier sind die wichtigsten zusammengefasst:

1. Sympathie schlägt Kompetenz! Der/Die kompetenteste Tandempartner*in nützt nichts, wenn Sie sich nicht sympathisch sind.

2. Haltung schlägt Performance! Die Leistung kann noch so gut sein – die innere Haltung zur Bewältigung von Herausforderungen ist das A und O.
3. Kultur schlägt Strategie! Das nächsthöhere Management als Kulturträger muss das Modell akzeptieren und unterstützen. Andernfalls nützt die beste Strategie nichts.
4. Gleichschritt schlägt Ehrgeiz! In puncto Führungsverständnis, Vertrauen, Freiheit und Verpflichtung sind Einigkeit unverzichtbare Parameter.
5. Langer Atem schlägt Image-Feuerwerk! Verfolgen Sie Ihre einmal entworfene Struktur auch gegen Widerstände und bleiben Sie selbstkritisch am Ball.
6. Konfliktmanagement schlägt Zieldefinition! Lösen Sie als Erstes im Alltag auftretende Probleme, ehe Sie sich strategischen Zielsetzungen zuwenden.
7. Kommunikation schlägt Teamfokus! Kontinuierliche Kommunikation, ständiges Feedback und die Bereitschaft zu schnellen Anpassungen dienen dem Modell am meisten. Wer zu wenig miteinander redet, hat schon verloren.

Weiterführende Literatur

Bird, M./Halter, F. A./Zellweger, T. M. u .a.: Unternehmensnachfolge in der Praxis. Herausforderung Generationenwechsel, 2016.

Blokdyk, Gerardus: Shared Leadership. A complete Guide. 5-StarCooks-Publishing, 2021.

Broel, Susanne: Chefposten für Zwei? JobSharing für Führungskräfte. Diplomica-Verlag, 2013.

Chrobot-Mason, D./ Gerbasi, A. & Cullen-Lester, K. L.: Predicting leadership relationships: The importance of collective identity; in: The Leadership Quarterly, 27 (2016), S. 298–311.

Cullen-Lester, K. L./Yammarino, F. J.: Collective and network approaches to leadership; in: Special issue introduction, in: The Leadership Quarterly, 27 (2016), S. 173–180.

Weigel, Daniela: Shared Leadership. Chancen und Risiken des Shared Leadership Ansatzes im Verhältnis zur hierarchischen Führung. AV Akademikerverlag, 2016.

Die Autorin

Brigitte Ehmann ist selbstständige Moderatorin, Mediatorin und wissenschaftliche Autorin sowie zertifizierte systemische Business Coachin. Daneben ist sie Expertin für New Work und Honorardozentin an der Filmuniversität Babelsberg (Hochschule Potsdam).

Darüber hinaus ist Brigitte Ehmann Expertin für neue Arbeitswelten sowie Servant Leadership. Sie ist Moderatorin, Trainerin und Coach für Veränderungsmanagement und Kulturveränderung mit den Schwerpunkten Shared Leadership und Code of Conduct. Sie moderiert und begleitet Organisationen verschiedenster Branchen vom Mittelstand bis zu DAX-Unternehmen.

Sie ist in Nordrhein-Westfalen aufgewachsen und hat in München Betriebswirtschaft studiert. Seit 25 Jahren ist sie leidenschaftliche Personalerin und ambitionierte Triathletin. Seit 1995 lebt und arbeitet sie in München, sie ist verheiratet und hat einen erwachsenen Sohn.

www.brigitte-ehmann.com

Register